8 茴香
フェンネル

9 梅
ウメ

10 芸香
ヘンルーダ

11 王冠百合
フリチラリア

12 大甘菜
オーニソガラム

13 狼茄子
ベラドンナ

14 丘虎の尾
リシマキア

15 蘿蔔
ラブポテト

16 篝火花
シクラメン

17 寒芍薬
クリスマスローズ

18 菊
キク

19 狐の手袋
ジギタリス

20 君影草
スズラン

21 行者大蒜
ブクサ

22 金魚草
スナップドラゴン

23 金盞花
カレンデュラ

24 銀梅花
マートル

25 薫衣草
ラベンダー

26 黒種子草
ニゲラ

27 桑
マルベリー

28 恋茄子
マンドレイク/マンドラゴラ

29 桜
サクラ

30 石榴
ポムグラネイト

31 実葛
サネカズラ

32 紫苑
シオン

33 西洋接骨木
エルダー

34 竹
バンブー

35 立葵
ホリホック

36 立麝香草
タイム

37 朝鮮薊
アーティチョーク

38 唐菖蒲
グラジオラス

39 時計草
パッションフラワー

40 梣
アッシュ

41 撫子
ダイアンサス

42 花楸樹
ローワン

43 楢
オーク

44 鋸草
アキレア

45 葉薊
アカンサス

46 蓮
ロータス

47 薔薇
ローズ

48 半夏生
リザーズテイル

49 番紅花
サフラン

50 彼岸花
リコリス

51 紐鶏頭
アマランサス

52 鬼灯
チャイニーズ・ランターンプラント

53 牡丹一華
アネモネ

54 茉沃剌那
マジョラム

55 迷迭香
ローズマリー

56 紫馬簾菊
エキナセア

57 柳
ウイロー

58 榕樹
ガジュマル

59 勿忘草
フォーゲットミーノット

《本書の掲載内容について》

●薬効は各種情報を元にして作成していますが、科学的に未解析なものも含み証明されたものとは限りません。また植物の毒性や危険性については、人の健康に直接関わるためこの掲載内容に依存した実利用はせず創作の参考情報としてのみ利用ください。

💊＝薬効、☠＝毒性を示します。

●品種によってデータ・写真・内容などが異なる場合があり、本誌では代表的または平均的なものを掲載しました。
●本文中の波下線はその文末に出典を掲載しました。
●花色は主なものを掲載しました。
●データ中の別名は、代表的なものを掲載しました。

色別索引

白色
45	アカンサス	葉薊
44	アキレア	鋸草
53	アネモネ	牡丹一華
9	ウメ	梅
56	エキナセア	紫馬廉菊
12	オーニソガラム	大甘菜
18	キク	菊
38	グラジオラス	唐菖蒲
17	クリスマスローズ	寒芍薬
29	サクラ	桜
19	ジギタリス	狐の手袋
16	シクラメン	篝火花
20	スズラン	君影草
22	スナップドラゴン	金魚草
41	ダイアンサス	撫子
36	タイム	立麝香草
52	チャイニーズ・ランターンプラント	鬼灯
26	ニゲラ	黒種子草
39	パッションフラワー	時計草
59	フォーゲットミーノット	勿忘草
21	ブクサ	行者大蒜
35	ホリホック	立葵
24	マートル	銀梅花

乳白色
54	マジョラム	茉沃刺那
25	ラベンダー	薫衣草
48	リザーズテイル	半夏生
14	リシマキア	丘虎の尾
47	ローズ	薔薇
55	ローズマリー	迷迭香
46	ロータス	蓮
42	ローワン	花楸樹

乳白色
42	ローワン	花楸樹

黒色
17	クリスマスローズ	寒芍薬
41	ダイアンサス	撫子
35	ホリホック	立葵
47	ローズ	薔薇

赤茶色
19	ジギタリス	狐の手袋

赤褐色
58	ガジュマル	榕樹

赤色
44	アキレア	鋸草
53	アネモネ	牡丹一華
51	アマランサス	紐鶏頭
9	ウメ	梅
56	エキナセア	紫馬廉菊
18	キク	菊
38	グラジオラス	唐菖蒲
16	シクラメン	篝火花
22	スナップドラゴン	金魚草
41	ダイアンサス	撫子
39	パッションフラワー	時計草
11	フリチラリア	王冠百合
30	ポムグラネイト	石榴
35	ホリホック	立葵
50	リコリス	彼岸花
47	ローズ	薔薇

オレンジがかった赤色
11	フリチラリア	王冠百合

オレンジ色
44	アキレア	鋸草
56	エキナセア	紫馬廉菊
23	カレンデュラ	金盞花
38	グラジオラス	唐菖蒲
19	ジギタリス	狐の手袋
22	スナップドラゴン	金魚草
35	ホリホック	立葵
47	ローズ	薔薇

茶色
17	クリスマスローズ	寒芍薬
47	ローズ	薔薇

黄土色
34	バンブー	竹

クリーム色
31	サネカズラ	実葛

淡クリーム色
33	エルダー	西洋接骨木

黄色
44	アキレア	鋸草
56	エキナセア	紫馬廉菊
23	カレンデュラ	金盞花
18	キク	菊
38	グラジオラス	唐菖蒲

寸法比較表

《表の見方》
◎数値は本文データ中で示した寸法の中央値を参考に作成しています。
◎表の増加値は、数値が集中する部分をわかりやすく表現するため一定ではありません。
◎指示線の先端はそれぞれ
　　●＝草丈、←＝樹高、■＝つるの長さを示します。
◎木質化する場合のある迷迭香、薫衣草、立麝香草はその表記を樹高として記しています。
◎指示線の色は、花の咲きはじめの時期を示します。
　　━春、━夏、━秋、━冬
　（ただし竹は咲く時期が四季に由来しないので例外とする）

高さ	49	28	12	20	36	59	16	53	17	41	23	54	50	21	44	25	56	52	26	22	14	18	48	10	38	11
	番紅花	恋茄子	大甘菜	君影草	立麝香草	勿忘草	篝火花	牡丹一華	寒芍薬	撫子	金盞花	茉沃刺那	彼岸花	行者大蒜	鋸草	薫衣草	紫馬廉菊	鬼灯	黒種子草	金魚草	丘虎の尾	菊	半夏生	芸香	唐菖蒲	王冠百合

黄色			**青色**			**赤紫色**		
17	クリスマスローズ	寒芍薬	53	アネモネ	牡丹一華	40	アッシュ	梣
19	ジギタリス	狐の手袋	26	ニゲラ	黒種子草	56	エキナセア	紫馬簾菊
16	シクラメン	篝火花	59	フォーゲットミーノット	勿忘草	36	タイム	立麝香草
22	スナップドラゴン	金魚草	55	ローズマリー	迷迭香	**ピンク色**		
41	ダイアンサス	撫子	**紫色**			44	アキレア	鋸草
26	ニゲラ	黒種子草	37	アーティチョーク	朝鮮薊	53	アネモネ	牡丹一華
39	パッションフラワー	時計草	53	アネモネ	牡丹一華	9	ウメ	梅
8	フェンネル	茴香	38	グラジオラス	唐菖蒲	56	エキナセア	紫馬簾菊
11	フリチラリア	王冠百合	17	クリスマスローズ	寒芍薬	18	キク	菊
10	ヘンルーダ	芸香	49	サフラン	番紅花	38	グラジオラス	唐菖蒲
35	ホリホック	立葵	16	シクラメン	篝火花	17	クリスマスローズ	寒芍薬
47	ローズ	薔薇	26	ニゲラ	黒種子草	29	サクラ	桜
46	ロータス	蓮	39	パッションフラワー	時計草	19	ジギタリス	狐の手袋
淡黄色			59	フォーゲットミーノット	勿忘草	16	シクラメン	篝火花
27	マルベリー	桑	35	ホリホック	立葵	20	スズラン	君影草
黄色がかった黄緑色			28	マンドレイク/マンドラゴラ	恋茄子	22	スナップドラゴン	金魚草
57	ウイロー	柳	25	ラベンダー	薫衣草	41	ダイアンサス	撫子
淡黄緑色			47	ローズ	薔薇	36	タイム	立麝香草
40	アッシュ	梣	**淡紫色**			26	ニゲラ	黒種子草
黄緑色			32	シオン	紫苑	39	パッションフラワー	時計草
51	アマランサス	紐鶏頭	36	タイム	立麝香草	59	フォーゲットミーノット	勿忘草
56	エキナセア	紫馬簾菊	21	ブクサ	行者大蒜	35	ホリホック	立葵
43	オーク	楢	28	マンドレイク/マンドラゴラ	恋茄子	25	ラベンダー	薫衣草
18	キク	菊	15	ラフポテ	藘摩	47	ローズ	薔薇
38	グラジオラス	唐菖蒲	55	ローズマリー	迷迭香	55	ローズマリー	迷迭香
17	クリスマスローズ	寒芍薬	**紫赤色**			46	ロータス	蓮
47	ローズ	薔薇	19	ジギタリス	狐の手袋	**くすんだピンク色**		
サックスブルー			**紫褐色**			45	アカンサス	葉薊
38	グラジオラス	唐菖蒲	13	ベラドンナ	狼茄子	**淡ピンク色**		
水色						29	サクラ	桜
59	フォーゲットミーノット	勿忘草						

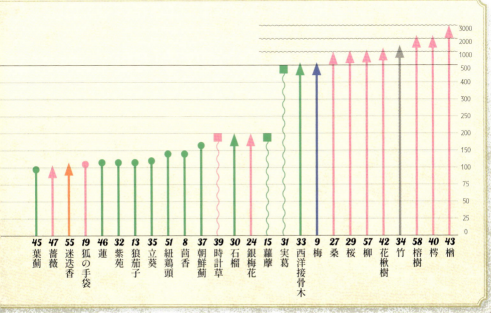

セリ科

茴香
ウイキョウ

フェンネル　Fennel

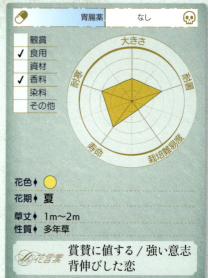

胃腸薬　なし

☑ 観賞
☑ 食用
　 資材
☑ 香料
　 染料
　 その他

大きさ／耐寒／気軽／栽培難易度／寿命

花色 ◆ ○
花期 ◆ 夏
草丈 ◆ 1m〜2m
性質 ◆ 多年草

 花言葉　賞賛に値する／強い意志
　　　　　　背伸びした恋

成功を呼ぶ勝利の花

フェンネルは、紀元前よりエジプトで栽培されていたという。

フェンネルの原産地は、地中海沿岸とされる。フェンネルの糸状の葉と細やかな花は、少し繊細に見えるが、集まると力強さと華やかさがある。フェンネル自体は栄養がよく蓄えられており、世界各地で、幅広く食用として取り入れられている。

フェンネルの変種に、フローレンスフェンネルがあるが、他のものと比べると茎の下方部分の株元が膨らみ肥大している姿がユニークである。

ヨーロッパでは、身近な野菜やハーブとして扱われ、葉、茎、花、果実などを食べる。インドや中国などでも、特にスパイスとして使われる。魚や肉と調理されるが、魚料理と相性が良く、臭み消しとして有用であり、その風味が好まれ「魚のハーブ」として知られる。香り付けにスープ、飲料などにも使用する。またフェンネルシード（果実）は、菓子類にも使われる。果実をまるごと使ったり、パウダーにして混ぜたりふりかけたりする。ハーブティーとしても利用される。

フェンネルは、空腹感を減らして、口をなぐさめるような役割を果たしたのでキリスト教の断食日に食べられた。食後に口臭を消すために、インドやパキスタンではフェンネルシードを砂糖でコーティングしたものを噛み、口直しに使われる。

日本には、中国から平安時代に渡ってきたといわれ、近年になって、野菜として栽培され広がりを見せつつある。

その他、香りの良さから化粧品の香料に使われる。精油としてアロマでも利用される。

フェンネルは、古代ギリシアではマラトンと呼ばれた。この名は一説には、紀元前のマラトンの戦いがあった場所に咲いていたことに由来するといわれ、==この植物は、成功のシンボルとされた。ペルシア戦争の、マラトンの戦いでアテネ・プラタイア連合軍側が勝利し、その知らせをアテネまで走って伝えた兵士がいた。==マラトンは、スポーツのマラソンの由来となった伝承のある町で、戦場からアテネまでの距離が、今のマラソンの42.195kmの基準になったという。

フェンネルは、古くは強壮用のハーブとして知られ、整腸の働きがあり、視力を回復する効果があるとされた。また、フェンネルは、中世ヨーロッパでは、災いや魔物から守られるように、家の戸口に吊るされた。

フェンネルは、万能に利用される植物である。花を空に向けて広げていく背伸びしたような姿が美しく、強い意志が感じられる。

バラ科

梅
(ウメ)

ウメ　Japanese apricot

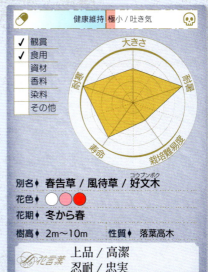

健康維持 極小 / 吐き気

- ✓ 観賞
- ✓ 食用
- 資材
- 香料
- 染料
- その他

別名 ♦ 春告草 / 風待草 / 好文木(コウブンボク)
花色 ♦ 白　桃　赤
花期 ♦ 冬から春
樹高 ♦ 2m〜10m　性質 ♦ 落葉高木

花言葉
上品 / 高潔
忍耐 / 忠実

怨霊から神となった貴人に愛された花

原産地は中国とされる。諸説あるが、日本には、奈良時代以前に中国から渡ってきたのではないかといわれる。果実は食用になる実梅(みうめ)として好まれる。観賞用の花として名高く花梅(はなうめ)という。別名でハルツゲグサ(春告草)と呼ばれる。薬用としては、中国では、まだ若い青梅を燻製にした黒い色の烏梅(うばい)という漢方がある。

梅は、白梅、紅梅に代表されるが、白梅の方が日本での歴史は古い。後に渡ってきた紅梅は、平安時代には貴族の間では貴いものとして大切にされたようである。正月にあたる時期に紅梅を咲かせたという。『万葉集』『古今和歌集』に登場し、梅に対する関心の高さがうかがえる。また、平安京の内裏にある天皇の御殿の清涼殿(せいりょうでん)にも植えられ、紫宸殿(ししんでん)には「左近の梅」として植えられていた。もてはやされた梅だが、平安時代の途中でその座を桜に譲ることになり、「左近の桜」に移り変わる。

この清涼殿と紫宸殿にまつわるものに、「清涼殿落雷」の事件がある。当時、干害が深刻化しており、平安京周辺では雨乞いを実施するか否かの会議をすることになった。その際、清涼殿の柱に雷が落ちて、公卿、官人らが被害にあった。落雷は隣にある紫宸殿にも及び被害は激しかったようで、このことが、菅原道真の怨霊によるものではないかという噂が広まり伝説となった。菅原道真は宇多天皇、醍醐天皇に重用されたが、嫉妬、讒言(ざんげん)から大宰府に追われた人物である。菅原道真は梅を好んでいたことで知られ、その邸宅は紅梅殿(こうばいどの)といわれた。菅原道真の命日は旧暦の2月25日で梅の咲く時期に重なる。梅にゆかりのある人物である。

日本で、梅の食用として代表されるのは梅干しであるが、酸っぱく塩気のある特徴が調味料や保存食として重宝された。梅干しは平安時代に考案され、江戸時代に広まったといわれる。東海道五十三次の宿場町として栄えた小田原の名産で、箱根越えをする旅人たちに携帯された。東海道は江戸時代の五街道のひとつである。五街道とは、東海道、中山道、日光街道、奥州街道、甲州街道である。非常食として精力がつく食材として用いられ、時代が下がり、日清、日露戦争などでは、軍用食としての需要や生産が増えたという。

ミカン科

芸香
ウンコウ

ヘンルーダ
Rue / Common rue

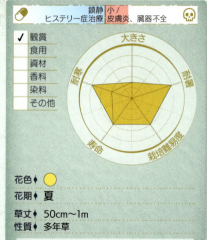

鎮静 / ヒステリー症治療　小 / 皮膚炎、臓器不全

- ☑ 観賞
- □ 食用
- □ 資材
- □ 香料
- □ 染料
- □ その他

花色◆ ●
花期◆ 夏
草丈◆ 50cm〜1m
性質◆ 多年草

 花言葉　悔恨 / あなたを軽蔑する　安らぎ

神が与えた 魔除けのハーブ

R原産地は地中海沿岸とされ、ヨーロッパでは古くから葉を料理などに使用した。飲料の香料、精油を香水に用い、薬用としても使われてきたハーブである。日本には明治初め頃に渡ってきた。葉の独特な強い柑橘系の香りは防虫や猫除けに効果があり、ヘンルーダは別名ネコヨラズといわれる。ハーブの仲間には猫が寄ってこないといわれるものがあり、そのうちのひとつがヘンルーダで、他には、ローズマリー、レモングラスなどもある。しかし、ヘンルーダは、アゲハ蝶の幼虫などには好まれて餌になる。

強い香りがし、好みが分かれるハーブだが、イタリアの蒸留酒のグラッパの香りをつけるのにも使われる。現在は毒性が認められ食用にされないが、サラダなどに加えて食べられていたという。

古代ローマ時代に「魔除けのハーブ」と呼ばれていた。イタリアの農民はヘンルーダの葉を身に着けるそうである。一方で、キリスト教では、教会のミサで聖水をまく時に枝を利用していた。「Herb of grace」といい「神の恵みのハーブ」とも呼ばれる。

英名の古語の rue（ルー）の意味は後悔・悔恨である。そのため「悔恨のハーブ」とも呼ばれる。ヘンルーダは、シェイクスピアの『ハムレット』に登場する。ハムレットは、愛するオフィーリアの父を誤って殺してしまう。その後、悲しみに沈んだオフィーリアが、父殺害の遠因となったハムレットの母である王妃ガートルードに、皮肉ともとれる恵みの薬草としてヘンルーダを差し出す場面がある。

古代ローマでは、目に良いハーブとされて、彫刻家や画家がヘンルーダを大量に使用し、視力を上げその疲労をとることを願った。ローマ帝国時代には、他のハーブと共に、家や劇場などにまかれ、ヨーロッパでは18世紀頃まで、防虫や疫病など感染病予防対策のため床面にまくのに使われていた。

中世では、==魔女が呪いをかけるのに利用されるハーブとなったが、反対にこれを携えれば魔女を見抜くことができる==といわれた。また、娘は男性の誘惑から逃れられるという信仰があった。流行り病などから身を守り、解毒剤としても使用されていた。

一説では、==ヘンルーダの葉はトランプのクラブの図柄のもとになったといわれる==。(出典『図説 花と庭園の文化史事典』)

リトアニアの国花であり、伝統的な結婚式でヘンルーダの葉を飾る風習がある。魔除けから転じて幸いをもたらすものなのであろうか。

王冠百合
ユリ科
オウカンユリ

フリチラリア
Crown imperial

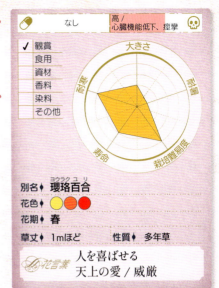

- なし
- 高/心臓機能低下、痙攣
- ✓ 観賞
- 食用
- 資材
- 香料
- 染料
- その他

レーダーチャート項目: 大きさ／気品／栽培難易度／寿命／耐寒

別名 ♦ 瓔珞百合（ヨウラクユリ）
花色 ♦ 黄・橙・赤
花期 ♦ 春
草丈 ♦ 1mほど　　性質 ♦ 多年草

花言葉　人を喜ばせる／天上の愛／威厳

愁嘆より生まれた王たちの冠

フリチラリアの中で、大型品種のフリチラリア・インペリアリスが知られる。インペリアリスは、冠に象徴される「皇帝の」を意味しており、この花はオウカンユリ（王冠百合）と呼ばれる。英名のCrown imperialは王家の庭で育てられたことにも由来するという。また、別名のヨウラクユリ（瓔珞百合）の瓔珞とは、鐘型の飾りを吊り下げた仏具のことである。ユリ科なので、百合の名がつく。

フリチラリア・インペリアリスの属するバイモ属は、北半球の温帯地域が原産地とされる。まっすぐとした茎の先端に下向きの花を咲かせる。花は鐘型をしており、カップを逆さまにしたようについている。6から10個ほどの花がまとまって咲く。これは、フリチラリア・インペリアリスに特徴的な花姿で、イギリスの庭園でもてはやされた。この植物は、堂々として気品がある。

紀元前の時代が終わる頃には、すでに貨幣にこの植物は刻まれていた。フリチラリアには、ペルシア帝国の女王が、夫である王に不倫を疑われ、野原をさ迷い歩き失意のうちにこの花に変わったという伝説がある。またこの花は、キリストが磔刑に処せられた際に、頭を下げることを拒否したという。しかし、その後それを後悔して花が垂れてしまい、それ以来ずっと泣き続けていると言い伝えられる。

同じバイモ属の仲間であるフリチラリア・メレアグリスは、別名スネークヘッド「へびの頭」といわれる。なかでも花茎に一輪咲きの赤紫の市松模様（格子模様の一種）のものが知られるが、これは毒々しさと病的なイメージを持っている。しかしながら"フリチラリアの女王"とも呼ばれ、姿が愛らしくも見え、花の咲く様子が、ちょこんと頭を下げたような格好である。

やはりバイモ属に属するアミガサユリは、網目状の模様を持つ。どこか、フリチラリア・メレアグリスの模様を思い起こさせるが、実際はメレアグリスとは異なる花である。この花はバイモともいわれ、漢字では「貝母」と書く。また、他にクロユリがある。匂いに特に強めの臭気がある。日本では、高山のような気温が低いところに多く見られる。茶席の花として、少し暗めの雰囲気が味わい深い。フリチラリアの威厳ある様子からは、社会の最上位に位置するであろう王たちの様子が浮かんでくる。

©データはオウカンユリについて記載。

キジカクシ科
大甘菜
オオアマナ
オーニソガラム
Star of Bethlehem

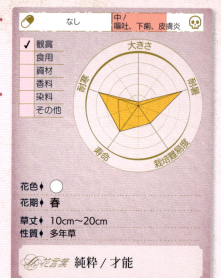

なし / 中 / 嘔吐、下痢、皮膚炎

✓ 観賞
食用
資材
香料
染料
その他

大きさ / 耐寒 / 香り / 栽培難易度 / 寿命

花色♦ ○
花期♦ 春
草丈♦ 10cm〜20cm
性質♦ 多年草

花言葉 純粋／才能

救世主の誕生を知らせる花

　オーニソガラムの名でオーニソガラム・ウンベラタムが知られる。原産地は、地中海沿岸から小アジアあたりとされる。日本には、明治時代に渡ってきた。

　オーニソガラム・ウンベラタムは、オオアマナ（大甘菜）と呼ばれる。これは、日本に自生するアマナ（甘菜）という植物に花姿が似ているからという。また、オーニソガラムの仲間では、オーニソガラム・ダビウムがオレンジ色をしており目を引く。

　オーニソガラムは、フラワーアレンジに使われることが多い花である。花嫁のブーケにする花として人気がある。

　「ベツレヘムの星」と呼ばれるのが、オーニソガラム・ウンベラタムやオーニソガラム・アラビカムである。花の咲く様子は星が散らばるようである。「ベツレヘムの星」とは、イエス・キリスト誕生の際に、それを知らせた星である。東方の三賢者（三博士）が、星に導かれ誕生したイエスのもとに訪れ礼拝した。3人の賢者は、乳香、没薬、黄金を贈ったという。この時代の賢者（博士）とは、天文学などの幅広い知識を持つ者だったようである。また、贈り物の乳香とは、お香のことで樹木からとられる。没薬も樹木からとられて、香を調合するものとして使われた。黄金は、貴重な金属である。

　ベツレヘムはキリスト教の聖地として知られる。パレスチナに位置するベツレヘムには、イエス・キリストが降誕（誕生）した洞窟が残っており降誕教会がある。この教会は、ローマ帝国の皇帝であるコンスタンティヌス1世の時代に建設が始まり、339年に完成した。彼は、キリスト教に自ら改宗し、支持した皇帝として知られる。また、ベツレヘムは、ダビデの町ともいわれ、古代イスラエルの王・ダビデの出身地とされる歴史上の要所である。

　ベツレヘムの少し北にあるエルサレムは、キリストが受難した地である。キリストの生死の地は、ほど近い場所にある。またエルサレムは、キリスト教、ユダヤ教、イスラム教の3つの宗教の聖地である。キリスト教では、キリストは、父である神がこの世に遣わした御子であり、救い主であるとされる。

　オーニソガラムは、救世主の誕生を知らせた星に例えられる。人々は、純粋な神の輝きを花姿に重ねた。

©オーニソガラムはオオアマナ属（オーニソガラム属）の植物。　©データはオオアマナについて記載。

ナス科

狼茄子
オオカミナスビ

ベラドンナ
Belladonna / Deadly nightshade

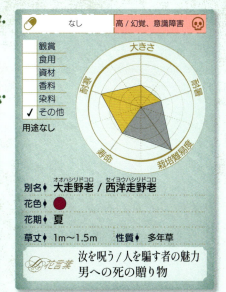

なし　　　高/幻覚、意識障害

別名 ◆ 大走野老（オオハシリドコロ）／西洋走野老（セイヨウハシリドコロ）
花色 ◆ ●
花期 ◆ 夏
草丈 ◆ 1m〜1.5m　性質 ◆ 多年草

花言葉　汝を呪う／人を騙す者の魅力　男への死の贈り物

美しさの代償　魔女が頻用した悪魔の草

ベラドンナの名で、アトロパ・ベラドンナが知られる。アトロパ（Atropa）は、ギリシア神話の女神アトロポスからきているといわれる。アトロポスは、運命を司る三姉妹（モイライ）の末妹で、運命の糸を断ち切る女神である。ベラドンナ（belladonna）は、美しい貴婦人を意味する。イタリアの婦人が、葉の汁を点眼薬として使い、瞳を大きく見せるために使っていたのが名前の由来。彼女たちはベラドンナの性質を利用し瞳孔を拡げ美しさを競ったわけである。
紫色の鐘のような花が咲き、濃い紫色の果実がなる。果実は食べると中毒症状を起こし、根や茎にも強い毒が含まれる。
原産地は、ヨーロッパ、西アジアとされ「悪魔の草」と呼ばれる。悪魔や魔女はこの植物を好み、手入れに勤しんでいるといわれた。

日本には自生していないが、江戸時代にシーボルトが薬として持参した。シーボルトはドイツの医師で長崎の出島のオランダ商館医。彼はベラドンナを日本のハシリドコロ（走野老）という植物と勘違いした。ベラドンナと同じナス科でハシリドコロも有毒である。ハシリドコロの名は、食べると幻覚症状を起こし走り回ることに由来する。

15世紀から17世紀頃にかけてヨーロッパでは、魔女が空を飛ぶには植物の軟膏が必要で、その中にベラドンナが含まれていたとされた。ベラドンナを使うと幻覚から空を浮遊しているような感覚があったからなのだろうか。ヨーロッパ社会では、疫病や不作、戦争による不安から派生した集団ヒステリーによって「魔女」に仕立て上げられた人々は、迫害され断罪された。魔女狩りである。
また、17世紀のイタリアでは、ヒ素と鉛を含むトファナ水を使って妻が夫を暗殺する事件が多発したのだが、トファナ水にベラドンナが混入されることがあったという。トファナ水とは、ジュリア・トファナが、みじめな結婚生活を送る多くの女性に配ったものである。（出典『ベリーの歴史』）　社会背景として、当時キリスト教は離婚を認めていなかった。死別しか、夫の虐待から妻が自由になる方法がなかったのである。
魔女が毒薬作りに使っていたとされ、人に呪いをかけたりすることで、花言葉にあるようにベラドンナは死の贈り物になったのだろうか。人にプレゼントするには怖い植物である。

サクラソウ科
丘虎の尾
オカトラノオ
リシマキア　Gooseneck

- ✓ 観賞
- 食用
- 資材
- 香料
- 染料
- その他

なし　なし

花色◆ ○
花期◆ 夏
草丈◆ 40cm〜1m
性質◆ 多年草

花言葉　忠実／貞操

猛獣を屈服させる力

オカトラノオは日本、朝鮮半島、中国に分布する。白色の花が、少し垂れ下がるように咲く。花の咲く様子が虎の尾に例えられる。地下茎が横に伸びていって、よく繁殖し、野草として群生する植物であるが、庭植えにもされる。オカトラノオの仲間では、スマトラノオ、サワトラノオなどが知られる。これらの属するオカトラノオ属の植物は世界全体に分布する。オカトラノオ属はリシマキア属ともいう。

リシマキアの名前は、マケドニア王（トラキア王）であるリュシマコスにちなんでいる。

次のような伝説がある。リュシマコス王が狂ったような雄牛に襲われた時に、リシマキア属の植物を牛の前で振った。すると牛が鎮まったという。

リュシマコスは、もとはマケドニア王国のアレクサンドロス大王に仕えた将軍で、紀元前4世紀から紀元前3世紀にかけての人物である。アレクサンドロス大王の側近護衛官としての役目を果たすことがあった。しかし、リュシマコスが軍の統率に優れているという事由で、アレクサンドロス大王に警戒されたこともあったといわれる。豪胆な人物だったようで、リュシマコスはライオンを素手で倒したという武勇伝がある。

アレクサンドロス大王は、軍事指揮官として高い能力を発揮した王で、ギリシアからインド北西部にかけて帝国を築いた。しかし、適当な後継者がいなかったために、彼の死後に後継者争いとされる何十年にも及んだディアドコイ戦争が起こった。リュシマコスは後継者たちの中で、トラキア、小アジア、マケドニアの王となったのだが、同じくアレクサンドロス大王の配下であったセレウコスとの戦いに敗れて亡くなっている。

このディアドコイ戦争の後、帝国はプトレマイオス朝エジプト、セレウコス朝シリア、アンティゴノス朝マケドニアなどに分割された。そして紀元前2世紀に、アンティゴノス朝マケドニアは、ローマによって滅ぼされている（マケドニア戦争）。この帝国が分割された時代は、アレクサンドロス大王の父であるフィリッポス2世が、紀元前4世紀のカイロネイアの戦いに勝利してギリシア世界の覇者となっていた頃からの流れにより、文明をギリシアからローマへと橋渡しした時代となった。

©データはオカトラノオについて記載。

蘿藦
キョウチクトウ科
ガガイモ

ラフポテト　Rough potato

（種子・茎葉）強壮・解毒・イボ取り　極小／（根）嘔吐・痙攣

観賞
食用
資材
香料
染料
✓その他

用途なし

花色◆ ○
花期◆ 夏
つるの長さ◆ 2mほど
性質◆ 多年草、つる植物

花言葉　清らかな祈り　味わい深い

悪童の神が乗る船

ガガイモは、東アジアに分布する。つる性の植物で星形の花が咲き10cmほどの果実がなる。古くはカガミという。

ガガイモの果実は『古事記』『日本書紀』に登場する神様が乗る船であった。
『古事記』によると、天地が初めてあらわれ動き始めたときに高天原（タカアマノハラ）に降臨したのが、天之御中主神（アメノミナカヌシノカミ）、高御産巣日神（タカミムスヒノカミ）、神産巣日神（カムムスヒノカミ）の三神という。この三神の１人である神産巣日神の子である少名毘古那神（スクナビコナノカミ）が、蘿藦の船に乗ってやってきた。この蘿藦がガガイモ（蘿藦）のことであるという。少名毘古那神は、大国主神（オオクニヌシノカミ）が出雲にある岬にいたところへ現れる。少名毘古那神はガガイモの船に乗れるような小さな神であったようで親神の神産巣日神の手の指の間からくぐりぬけていった。
『日本書紀』では、表記が異なるが高皇産霊尊（タカミムスヒノミコト）の子、少彦名命（スクナヒコナノミコト）として現れる。少彦名命が淡島（アワノシマ）について粟の茎にのぼったところ、弾かれて常世郷（トコヨノクニ）に渡っていったという場面があるが、やはり小さいと思わせるくだりである。少彦名命は、悪童的な性格だったとされる。

『古事記』には、この様な記述もある。少名毘古那神は大国主神の中国（ナカツクニ）の国作りに協力していたが、少名毘古那神はその途中、常世国（トコヨノクニ）に渡っていってしまう。常世国とは海の彼方にある理想郷で、日本神話の中の異世界である。これは、つまり少名毘古那神が事故で神去り（崩御）したととらえる説もある。その後、大国主神の尽力によって、中国（出雲）は発展していったが、後に天照大御神（アマテラスオオミカミ）たちから、国譲りを申し渡されることになる。

旧暦10月には、国譲りが行われたとされる出雲の稲佐の浜や出雲大社などで、神を迎える祭りが催される。後世の伝承ともいわれるが、出雲に神が集まるという。
一般的に旧暦10月は、神無月（かんなづき）と神称されるが、出雲では「神在月」（かみありづき）とも呼ばれる。出雲大社に祀られているのは大国主大神（オオクニヌシノオオカミ）（大国主神）である。また少彦名命は、大阪の道修町（どしょうまち）で少彦名神社として祀られていることで知られる。

サクラソウ科
篝火花
カガリビバナ
シクラメン　Cyclamen

| | なし | 極小 | 嘔吐・下痢 | ☠ |

- ✓ 観賞
- 食用
- 資材
- 香料
- 染料
- その他

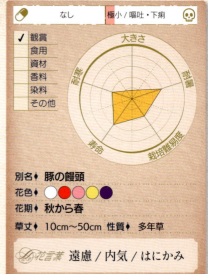
（レーダーチャート：大きさ／寿命／耐寒／栽培難易度／香り）

- 別名♦ 豚の饅頭
- 花色♦ ○（白）●（赤）●（桃）●（紫）
- 花期♦ 秋から春
- 草丈♦ 10cm～50cm　性質♦ 多年草

 花言葉　遠慮／内気／はにかみ

血を流す修道女

原産地は地中海沿岸とされる。シクラメン・ペルシカムをもとに、栽培が広がっていった。シクラメンの塊茎（根）は、ヨーロッパでは豚の食料であった。

日本には明治時代に渡ってきた。**カガリビバナ（篝火花）の名は、炎のような花の形をしているところから**つけられた。篝火とは、屋外で照明のためにつける火のことである。葉の間から、茎が突き出して花が集まるように咲く姿が印象的である。夏越しして育てることもできる。寒い冬は室内で育てるが、なかには寒さに強いガーデンシクラメンがある。これは冬の間も屋外で育てることができる。秋から春に開花し、主なものは、約5枚の花弁を反り返るような形で上向きにして咲く。咲き終わった後の花がらを摘みとることで、きれいに育てることができる。花弁の鮮やかさと葉のコントラストが美しく、冬を彩る花として人気がある。

シクラメンは、聖母マリアに捧げられた花という。なぜなら、**聖母マリアの心臓を貫いた剣が、シクラメンの花の中心に血の滴りとして象徴されている**からという。（出典『花の神話伝説事典』）そのためシクラメンは「マリアの心臓」「血を流す修道女」ともいわれた。

古代ローマや中世ヨーロッパの伝承と民間療法では、シクラメンの根や葉に薬効成分（毒素）が含まれているため、月経不順時に使用した。また、出産を楽にすると信じられてきた。そのため、分娩の時が来ていない妊婦がシクラメンをまたぐと良くないといわれるようになる。シクラメンの根は、子宮の形を連想させるため、多産の象徴とされ、伝統的に**出産のお守り**とされてきた。また、発展して「惚れ薬」や「恋のお守り」としても扱われたことがあった。

シクラメンには伝説がある。古代イスラエルのソロモン王が、王冠に花のデザインを使いたいと、多くの花に聞いてまわったが、その中で承諾してくれたのがシクラメンだけであった。ソロモン王がシクラメンに感謝すると、シクラメンは恥ずかしがって嬉しがり、うつむいてしまったという。

ソロモン王は、古代イスラエルに最大の繁栄をもたらした知恵のある王で、旧約聖書の『列王記』に現れる。紀元前1000年前後に生きた人物である。ソロモン王は、ユダヤ教の礼拝の中心となったエルサレム神殿を建設している。

シクラメンは、花姿がはにかんだような遠慮がちな花である。

寒芍薬
キンポウゲ科
カン シャク ヤク

クリスマスローズ
Christmas rose

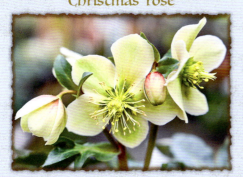

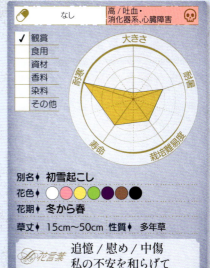

別名	初雪起こし
花色	白・ピンク・黄緑・紫・黒
花期	冬から春
草丈	15cm～50cm　性質　多年草

 追憶 / 慰め / 中傷
私の不安を和らげて

天使が咲かせた救世主に捧げる『毒の花』

日本では、ヘレボルス属をまとめてクリスマスローズと呼び、原産地はヨーロッパ、西アジアあたりとされる。ヨーロッパでは、ヘレボルス・ニゲルを指してクリスマスローズという。ヘレボルス・ニゲルが日本に渡ってきたのは、明治時代である。クリスマスの頃に白い花が咲く。名にあるニゲル（niger）は"黒"の意味で、根や種子が黒い様子からついている。また、よく知られているものに、キリスト教の四旬節（レント）の頃に咲くレンテンローズという呼び名のヘレボルス・オリエンタリスがある。四旬節とは春先の復活祭の準備をする期間のこと。

日当たりの良くない場所でもよく育つものがあり、木陰などにのぞく様子が控えめで少し憂いがある。クリスマスローズは、花の咲き方、花の色形が多様である。上を向くというよりは横を向き少しうつむいて咲く様子が恥ずかしそうにも見える。

明治の頃から日本では、クリスマスローズは、洋風でありながら和にも溶け込んで、茶室の床に茶花として飾られ、カンシャクヤク（寒芍薬）と呼ばれた。その他、雪解けの頃に咲くためハツユキオコシ（初雪起こし）という名前がある。

ヨーロッパではイエス・キリストの誕生時に咲いた花とされている。羊飼いと一緒にいた少女マデロンが、その時イエスに何も贈るものがないと嘆いたところ、天使が現れ地面に触れるとクリスマスローズが咲き、それを捧げたという。または、その少女の涙が落ちてクリスマスローズが咲いたという話がある。クリスマスローズは、古代ギリシア、中世ヨーロッパでは狂気を治す霊薬として知られていた。さらに魔女や悪霊を祓ったり、その呪いが及ばないようにするために使われた。根は特に強い毒があり、紀元前のギリシアにおける戦争では、クリスマスローズの毒を水路に流すという策がとられて、兵器のように使用されたといわれる。属名のヘレボルスは、もとはギリシア語で「殺す」と「食べ物」を意味する語が合わさったものからきている。庭にいる害虫を駆除するためにも使われてきたようである。（出典『花の西洋史 草花篇』）

クリスマスローズの美しさに人々は慰められ、不安が和らげられるのであろう。中世では、騎士が戦いに赴く際に恋人に贈る花であった。しかし、美しさに合わせて持つ毒性が、有害であることから、中傷を生むこともあったのかもしれない。

キク科

菊
キク

キク　Chrysanthemum

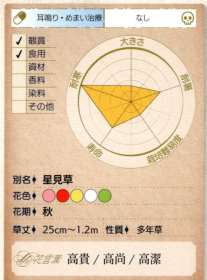

耳鳴り・めまい治療／なし

✓ 観賞
✓ 食用
　 資材
　 香料
　 染料
　 その他

別名 ♦ 星見草
花色 ♦ ●●○○●
花期 ♦ 秋
草丈 ♦ 25cm〜1.2m　性質 ♦ 多年草

花言葉　高貴／高尚／高潔

永寿の露を生む花

原産地は中国とされる。日本には、中国から奈良時代の頃に渡ってきた。平安時代には、貴族が菊の花を前に詩を詠みあった。江戸時代には、美しい菊の栽培を競うものとして一般に広まり、「菊合（きくあわせ）」で新花を評しあった。現在でも菊の品評会は盛んであり、観賞用としてイエギク（家菊）が親しまれている。また、食用菊として刺身に添えられていることがあるが、花びらをちぎって薬味として香りと食感を楽しめる。

中国には菊慈童（きくじどう）伝説がある。菊慈童は、中国の周の頃の人物で、経文を菊の葉に書き、その葉についた露の霊水を飲んで700年の寿命を得たといわれる。

また、菊の節句といわれるのが重陽（ちょうよう）の節句である。中国では重陽の日に長寿の願いを込めるとされ、日本に伝わってきた。日本では、平安時代には「重陽の儀」として、皇族や貴族によって行われていた催しである。9月9日の重陽の日は、陽が重なると書く。これは中国の陰陽五行説がもとになっていて、縁起の良いのが陽数であった。陽数とは奇数のことで、その中でも一桁の奇数で1番大きな数9（極まった陽数）が重なる吉日として重陽の節句は行われた。ちなみに偶数は陰数である。

重陽の節句では、菊の被綿（きせわた）と呼ばれる習わしがあった。重陽の節句の前夜に、菊に真綿をかぶせ、夜露と菊の香りがしみ込むと、翌日それで体を清めたという。今でいう天然の化粧水のようであるが、平安時代の女性たちも、美と永遠の若さを願ったのであろうか。菊は邪気を払うといわれ、菊酒で無病息災を願い、菊を入れた枕で寝ると頭の病が良くなるとされた。今も五節句のひとつとして知られてはいるが、かつて江戸時代の頃には、現在より盛んな行事であった。

承久の乱を起こしたことで知られる後鳥羽上皇は、菊を愛好したことで知られ、菊の紋様を用いたという。1221年に、鎌倉幕府の北条義時に対して追討の兵を挙げたが、戦いは幕府側の勝利となり、後鳥羽上皇は隠岐に配流された。佐渡に配流された子の順徳上皇は、可憐な菊の花に目がとまる。昔の栄華、都を忘れられないと切なく思い出し「都忘れ」と呼んだ。そして、孫の後嵯峨天皇が後鳥羽上皇の正しい後継者であることを表すために菊の紋様を使ったという。時代が下がり、天皇と皇室は、「菊の御紋」といわれる十六葉八重表菊を紋として用い、皇族は十四葉一重裏菊を用いるようになった。

菊の高貴な花姿に魅了される。日本の国花である。

©データはイエギクについて記載。

オオバコ科

狐の手袋
キツネ　ノ　テ　ブクロ

ジギタリス　Foxglove

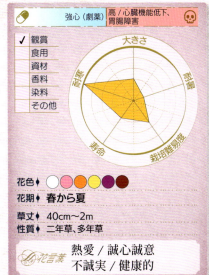

| | 強心（劇薬） | 高／心臓機能低下、胃腸障害 |

✓ 観賞
　食用
　資材
　香料
　染料
　その他

大きさ／剤薬／栽培難易度／寿命／耐寒

花色◆ ○ ● ● ● ● ●
花期◆ 春から夏
草丈◆ 40cm〜2m
性質◆ 二年草、多年草

 花言葉
熱愛／誠心誠意
不誠実／健康的

妖精の帽子

ジギタリスの原産地は、地中海沿岸の広域とされる。

ジギタリスの中ではジギタリス・プルプレアが知られる。ジギタリス（Digitalis）は、ラテン語で指という意味である。プルプレア（purpurea）は、紫を意味する。花の形が指ぬきに似ているためという。

日本には、江戸時代から明治時代にかけて渡ってきたようである。釣鐘のような花が下垂して房のように連なって咲く。欧米のガーデンによく植栽されており立ち姿が美しく魅力的で、他の花に交じっても一際目を引く大型の花である。半日陰の場所でも育つ。毒性があるが、一方でかつては薬用になり、心臓に関する薬の原料として知られていた。

花の内側に色のついた斑点が見られる。<mark>斑点は妖精が指で触れた跡で、毒があることを知らせるために目印をつけた</mark>といわれている。妖精は、西洋の物語や伝承では、良いものとしても、悪いものとしても登場するが、魔力を持ち自然界の法則を超える存在と信じられた。

伝説がある。キツネと仲の良い妖精がジギタリスの花をキツネに贈ると、キツネはこれを履いて足音を消し、鶏小屋のあたりをうろうろして隙を狙った。英名のFoxglove（キツネの手袋）はここからつけられたという説がある。そのほか、リトルフォーク little folk「小さな民（妖精）」が転化した（出典『子供部屋のアリス』ルイス・キャロル）という説もある。

またジギタリスは、その見た目と日当たりの良くない場所に生えることもあり、毒性もあることから不吉な植物ともいわれた。

身近な植物であったようで、世界では、たくさんの呼び名がついている。「キツネの鈴」、「妖精の帽子」、「妖精の花」、「魔女の指抜き」などと呼ばれた。日本では、ジギタリスと呼ばれることが多い。一部地域で野生化しているところがある。

ギリシア神話には、次のような話がある。ゼウスは、妻の女神ヘラのサイコロ遊び（賭け事）を不満に思っていたが、ある時、ヘラがサイコロを地上に落としてしまう。ヘラは、サイコロをゼウスに取りに行かせる。しかし、怒ったゼウスは、サイコロをジギタリスに変えてしまったというものである。

ギリシア神話の中では不誠実な愛が語られるが、一方で、ジギタリスは、薬として使用されてきたところから、健康的と象徴される。

君影草
キジカクシ科
キミカゲソウ
スズラン　Lily of the valley

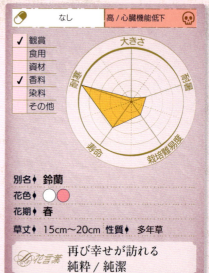

なし	高 / 心臓機能低下

- ✓ 観賞
- 食用
- 資材
- ✓ 香料
- 染料
- その他

別名 ♦ 鈴蘭
花色 ♦ ○ ○
花期 ♦ 春
草丈 ♦ 15cm～20cm　性質 ♦ 多年草

花言葉　再び幸せが訪れる / 純粋 / 純潔

聖母の流した涙と龍と戦った聖人の血

観賞目的のものは、ヨーロッパ原産のドイツスズランが多い。花が大振りである。香りが強く香水にされ好まれる。

英名の Lily of the valley は、旧約聖書にある「谷のユリ」に由来するという。スズランはキリスト教では、聖母マリアの花とされる。イエス・キリストが十字架にかけられ処刑された時に、マリアが流した涙に例えられる。

フランスでは 5 月 1 日がスズランの日となっている。スズランの花束を贈られることは、幸福を授かることを意味した。この日にはフランスの街のあちらこちらでスズランが売られる。ちょうどヨーロッパでは 5 月祭にあたる時期であり、各地で春の訪れを祝う。5 月祭は、古代ローマにおける夏の豊穣を予祝する祭りに由来するという。

フランスのスズランの日の歴史は、16 世紀までさかのぼる。フランス王のシャルル 9 世が、宮廷の女性たちにスズランの花を贈ったことがきっかけになっているという。心温まる話であるが、シャルル 9 世は薄幸な人物だった。在位時は、母であるカトーリヌ・ド・メディシスが摂政となり権力を握っており、実権を与えられなかった。宗教内戦であるユグノー戦争が起こり、「サン・バルテルミの虐殺」では父以上と慕っていた腹心の提督が暗殺された。その後、シャルル 9 世は健康を害し 24 歳で早世した。

イギリスには、スズランの伝説がある。聖レオナールが竜と対決した時に、竜の爪や牙によって傷つき、聖レオナールの血が滴り落ちたところに、スズランが生えた。竜も弱り、再び聖レオナールに向かってくることはなかった。フランスにも似たような伝説がある。聖レオナールは 6 世紀頃の隠世修道士で、11 世紀になりフランス、イギリス、ドイツなどで聖人として広く崇められた。

スズランは、フィンランドでは国花となっている。北欧は冬が長い地域で、スズランは初夏が来たことを告げる花である。

スズランは、日本原産のものが日本では本州中部より北に分布するが、アイヌの言葉で「セタプクサ」、「チロンヌプキナ」という。釣鐘状をした白色の花が、楚々と垂れ下がる可憐な姿であるが、毒があるので注意が必要である。葉はギョウジャニンニクに姿が似ている。スズランの群生地としては、北海道の平取町が知られるが、山梨県の笛吹市も群生地として知られる。

スズランは、再びめぐってくる花の季節が、幸せの訪れを感じさせる植物である。

ヒガンバナ科

行者大蒜
ギョウジャニンニク

プクサ
Victory onion

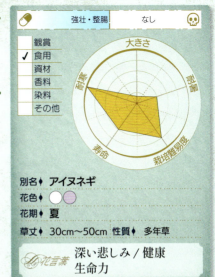

| | 強壮・整腸 | なし | |

- 観賞
- ✓ 食用
- 資材
- 香料
- 染料
- その他

別名 ♦ アイヌネギ
花色 ♦ ○ ○
花期 ♦ 夏
草丈 ♦ 30cm〜50cm　性質 ♦ 多年草

花言葉　深い悲しみ / 健康
　　　　生命力

カムイが宿る植物

ギョウジャニンニク（行者大蒜）の名は、ニンニクのような香りと行者が深山で修行中に食べたということに由来する。ギョウジャニンニクは、ギョウジャビル（行者蒜）、ヤマビル（山蒜）ともいう。日本原産のものは本州ではあまり見かけないが、北海道では春先によく出回り炒め物やおひたしにして食べる。調理の仕方は、ネギ、ニラに似ている。ヨーロッパ原産のものはヨーロッパの高山などに分布する。
ギョウジャニンニクはアイヌネギともいい、アイヌの間では、pukusa（プクサ）という名で呼ばれていた。

アイヌ民族は、北海道、樺太、千島などに住んでいた。アイヌには、すべてのものの中に精霊が宿っているとするアニミズムという精霊崇拝があった。「カムイ」とは神とされるが、身近な存在でありながら、人間の力が及ばない、人間の周りで起こるさまざまな事象に関連している強い存在である。アイヌでは大自然を畏怖し、そこにはカムイがいて、その神意を問う。亡くなった後は、死者の国で生活が続いていくという信仰があった。
アイヌは狩猟採集民族で、熊や鹿、鮭や鱒を追い、自然にある野菜や木の実などを採って暮らしていた。ギョウジャニンニクは、若い葉を汁物の実に使ったり、和え物や炊き込みご飯に入れられた。薬用として不調の時に煎じた汁を飲んだり、煎じた汁の臭気を吸い込んだりした。また、魔除けや疱瘡（天然痘）などの疫病対策として、やはりギョウジャニンニクを食べ、煎じた汁を飲んだりしたという。アイヌは、疫病である疱瘡が流行るのは疱瘡神が移動していくからと考えていた。人々は、疱瘡神が自分たちのいるところから去っていくようにと願った。恐れられていた疱瘡神であるが、ある村の子守歌では、疱瘡神がやってきた時、そこに住む女の心掛けのよさに感心して、村人は一生病気にかからず、無事暮らせると伝えたということが歌われている。
（出典『アイヌ民族の文学と生活』）

ギョウジャニンニクは、滋養強壮に強い効果があるため、生命力がみなぎり健康をもたらすとされたのである。
アイヌには、自然やカムイと人間の存在が織りなしていた世界があった。

オオバコ科

金魚草
キンギョソウ

スナップドラゴン
Snapdragon

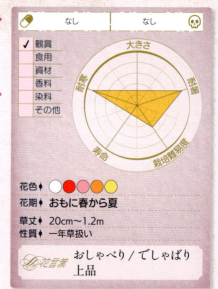

| なし | なし |

観賞 ✓
食用
資材
香料
染料
その他

花色◆ ○ ● ● ● ●
花期◆ おもに春から夏
草丈◆ 20cm〜1.2m
性質◆ 一年草扱い

花言葉 おしゃべり／でしゃばり
上品

金魚と龍とドクロ

原産地は、地中海沿岸あたりで、背の低い小型のものから背の高いものまで幅広い。穂状に花が咲き上がっていく。

キンギョソウの中には、八重咲きや一重咲き、ペンステモン咲き（ふっくらとした鐘型）などの咲き方のものがある。

ヨーロッパでは、複数年にわたって生育する多年草として扱われることが多いようだが、日本では、夏の暑さに弱いため毎年新たに植える一年草として育てられることが多い。

日本には、江戸時代の終わり頃に渡ってきた。キンギョソウ（金魚草）の名は、花姿が、ひらりひらりと尾ひれを揺らせて泳ぐ金魚の姿に似ていることからついている。

英名のSnapdragon（スナップドラゴン）の由来は、花の開口部を竜の口に見立て、蜂が蜜を吸っている姿がドラゴンにかまれているように見えるというものである。Snapにはパッとかみつくこと、ひっつかむことなどの意味がある。竜（龍）は、火を吐く怪獣で爬虫類のような体を持っているといわれ、天使や聖者に敵対するものとして表現されることがある。東洋の竜は、雨や水に関した神様として祀られることがある。

キンギョソウは、花が咲き終わった後に種子を包んでいるサヤを逆さにして見ると頭蓋骨のように見える。小さな頭蓋骨がたくさん残る様子は、少々不気味でさえある。また、岩場の隙間から咲くこともあるどこか頑強なイメージのある花のためか、魔術から守ってくれるものと伝えられていた。

花が食用になることもある。夏場にむけての季節に、和食にこの花を添えると風流である。キンギョソウの中でも、赤やオレンジなどの花色は、特に金魚に重なったのであろう。金魚は明（中国）より日本へ、室町時代に渡ってきた。江戸時代に広く養殖が始まり、今は、池や家庭の水槽で顔なじみであるが、キンギョソウは群植すると、まるで庭に咲き泳ぐ金魚のようだ。

花言葉の「おしゃべり」は、金魚たちが集まり会話しているように見える様子から想像できる。花たちは、あちらこちらで口を動かしながらいろいろと言いたいことがあるように見える。しかし一方では、キンギョソウのふんわりとした雰囲気は、どこか上品さが漂うイメージがある。

キク科
金盞花
キンセンカ

カレンデュラ
Pot marigold

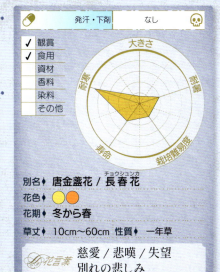

| | 発汗・下剤 | なし | |

- ✓ 観賞
- ✓ 食用
- ☐ 資材
- ☐ 香料
- ☐ 染料
- ☐ その他

別名 ♦ 唐金盞花 / 長春花（チョウシュンカ）
花色 ♦ ○○
花期 ♦ 冬から春
草丈 ♦ 10cm〜60cm　性質 ♦ 一年草

 花言葉
慈愛 / 悲嘆 / 失望
別れの悲しみ

太陽神に恋する少年

キンセンカは、別名カレンデュラとも呼ばれる。キンセンカとしてよく知られるのはカレンデュラ・オフィキナリスである。原産地は地中海沿岸とされ、温暖な地域では、一年を通して咲いていることが多いといわれる。英名の Pot marigold（ポットマリーゴールド）の Pot は、鉢や鍋などの意味を持つ言葉である。花が金の盞（さかずき）のように見えるところから、キンセンカ（金盞花）という名前がついた。筒状花を中心にして、その周囲に放射状に舌状花が広がる。

ポットマリーゴールドはキンセンカ属（カレンデュラ属）であるが、タゲテス属のマリーゴールドと名前が重なる。タゲテス属のマリーゴールドは、16世紀頃にヨーロッパに流入した。フレンチ・マリーゴールド、アフリカン・マリーゴールドという花がある。これらはキンセンカとは別物であるが、花姿が似ているところがあり、日本でもよく知られていて花壇を彩る。別名をマンジュギク（万寿菊）、センジュギク（千寿菊）という。

キンセンカは、トウキンセンカ（唐金盞花）、チョウシュンカ（長春花）ともいわれる。日本には、江戸時代に渡ってきており、仏様に供える花として使われることが多かった。

古代、西洋では太陽が黄色い花に宿るとされ「太陽の花嫁」と呼ばれていた。中世には、聖母マリアの「マリアの花」と呼ばれた。咲いている時期が多いため、四季をわたって定められたマリアの祝祭日、記念日には、おおむね花が見られるところから由来しているようである。

古代ギリシア・ローマ時代の頃から薬用として肌に対する効能などがあるとされている。現在でも、美容のハーブとしてスキンケア用品にも使われる。また、ペストを防ぐ効果があると信じられていた。花弁は高価なサフランの代わりにも利用されて「貧乏人のサフラン」などといわれた。黄色の花は食品の色付けになり、菓子類やスープ類、チーズやバターに使われた。また、エディブルフラワー（食用の花）として、サラダやケーキの飾り付けなどに使われてきた。ギリシア神話には、太陽神アポロンと、クリムノンという少年の愛情物語がある。アポロンとクリムノンの仲に嫉妬する雲の神によって、アポロンは雲の中に閉じ込められる。この間にクリムノンは寂しさのあまり亡くなってしまう。それを知ったアポロンは、不憫に思いクリムノンをキンセンカに変えたという。

太陽のように明るい黄色の色相の奥には別れの悲しみがある。

フトモモ科
銀梅花
ギンバイカ
マートル Myrtle

鎮静・抗菌 / なし

- ✓ 観賞
- ✓ 食用
- 　 資材
- ✓ 香料
- 　 染料
- 　 その他

別名 ◆ 銀香梅
花色 ◆ ○
花期 ◆ 春から夏
樹高 ◆ 1m〜3m　　性質 ◆ 常緑低木

 花言葉
高貴な美しさ
愛 / 愛のささやき

女神に祝福された不死の花

ギンバイカの名でミルトス・コミュニスが知られる。原産地は、地中海沿岸とされる。日本には、明治時代に渡ってきたという。結婚式の祝いの花であり、花輪にされたり、衣装に飾られる。また勝利の冠にもなった。そこから「祝いの木」と呼ばれる縁起がよい植物である。濃い紫の果実がなり、その葉も果実もハーブとしてマートルの名で知られる。イギリスでは、1840年にヴィクトリア女王とアルバート王子の結婚の際にブーケに用いられて以来、ロイヤルウェディングのブーケにギンバイカが使われるのが伝統のひとつとなっている。

常緑低木で、1年を通して緑の葉が茂り、成長が旺盛である。白い花に光があたると銀色にも見え、梅の花に似ているところからギンバイカ（銀梅花）の名がついている。花弁は5つで、雄しべが飛び出したように長い特徴があり、花弁より広がっているようにも見える。小さな花が木にたくさん咲く。その葉を揉むとユーカリに似た爽やかな香りがする。
料理や酒などに使われる。葉は肉の臭い消しになり、果実や葉を利用した酒が造られる。また、香水の原料としての利用がある。精油はアロマで用いられる。

ギンバイカは、ギリシア神話の女神アプロディテに捧げられた。ローマ神話ではウェヌス（英名はヴィーナス）が愛した花として知られる。アプロディテはローマ神話ではウェヌスと同一に見られる。ローマ人は、ギリシアの宗教に強い影響を受けており、ギリシアの神々は、ローマの神々と関連付けられるようになった。
ギンバイカは、キリスト教、ユダヤ教、イスラム教などと関わりがある。聖書では、喜びと平和の象徴となっている。ユダヤ教では、ユダヤ人の祖先がエジプトから脱出した際、仮の庵を建てて住んだことに由来し、神の恵みを感謝する仮庵の祭りがあるが、その時に使用される植物のひとつがギンバイカである。秋頃の祭りの期間に街中やシナゴーグ（ユダヤ会堂）の庭に仮の庵が建てられる。この祭りは現在も祝われている。また、スペインのアルハンブラ宮殿にはギンバイカの植栽の庭がある。この宮殿はイベリア半島最後のイスラム王朝が栄えたグラナダにあり、イスラム芸術の影響を受けている。ギンバイカは、生命力が強く、枯れにくいところから、不死を表す。そこから、成功、繁栄の象徴となり、さまざまな宗教や民間信仰に現れる。愛と繁栄を象徴するギンバイカは、高貴な美しさがある。

シソ科

薫衣草
クヌエソウ

ラベンダー　Lavender

	鎮静・抗菌	なし

- ✓ 観賞
- ✓ 食用
- 　資材
- ✓ 香料
- 　染料
- 　その他

（レーダーチャート：大きさ、気温、栽培難易度、寿命、耐寒）

花色♦ ● ○ ●（紫・白・ピンク）
花期♦ おもに春から夏
草丈／樹高♦ 20cm～1m
性質♦ 常緑低木

花言葉
沈黙
あなたを待っています

悪魔を祓うハーブの女王

英名Lavenderの語源をたどると、ラテン語で「洗う」を意味する語が由来とも、「青みを帯びた」を意味する語が由来ともいわれる。

ハーブであり、ラヴァンドラ・アングスティフォリアは、ラベンダーの代表格である。英名ではEnglish lavenderという。True lavender（真正ラベンダー）ともいわれ、English lavenderを他のラベンダーと区別するのに使う呼び名である。原産地は地中海沿岸とされる。

ラベンダーは、大別してイングリッシュ系とフレンチ系、その他があり40種ほどが知られている。フランスのプロヴァンス地方が伝統的な栽培地で、ヨーロッパでは「ハーブの女王」と呼ばれる。その芳香が特徴的である。日本には、江戸時代に渡ってきたとされ、現在は北海道の富良野地方のラベンダー畑が特に有名である。ラベンダーは古代ローマ人が入浴の際、風呂に入れて用いたり、洗濯にも使ったのではないかといわれる。薬用としての歴史が長く、傷の治療にも用いられたようである。

ハーブとしては古代エジプトにまでさかのぼる。エジプトでは、ミイラの防腐処理に用い、中世ヨーロッパでペストが流行った際には、それを防ぐために使われることがあった。また、ヨーロッパでは、悪魔祓いの習慣として家や教会の周りに、ラベンダーの小枝をまくことがあった。食用にも用いられ、簡単に作れるものには、花を砂糖に混ぜたラベンダーシュガーがある。甘さと風味が楽しめる。ナポレオンは、コーヒーとホットチョコレートにラベンダーシュガーの入ったカクテルを飲むことがあったという。（出典『ボタニカルイラストで見るハーブの歴史百科』）

そのほか、料理の飾りなどにもする。葉は丈夫なので細かく刻んで食用に使う。

香水や匂い袋で香りを楽しみ長く愛されている。また、ラベンダーは防虫に効果があるとされる。中世にはすでに衣類に香りをつけて虫除けにしていた。香水としては、18世紀以降さらに広く利用されている。かつて、古代ギリシア、ローマ時代には、香水を焚いて香りを広げていた。

近年は、花、葉、茎から精油を抽出して、アロマテラピーなどで癒しや薬効をもたらすものとして利用されるのが人気である。

花言葉「あなたを待っています」の由来となったといわれる伝承が、ヨーロッパにある。ラベンダーという少女が美しい少年に恋心を抱いた。しかし、内向的な少女は告白できないまま時が過ぎて、一輪の花になってしまったというものである。

キンポウゲ科

黒種子草
クロタネソウ

ニゲラ

Love in a mist / Devil in a bush

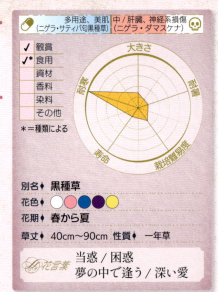

別名 ♦	黒種草
花色 ♦	白・ピンク・青・紫・赤
花期 ♦	春から夏
草丈 ♦	40cm〜90cm	性質 ♦ 一年草

当惑 / 困惑
夢の中で逢う / 深い愛

霧の恋心と隠れた悪魔

ニゲラは、南ヨーロッパ、中東、南西アジアに自生する。一般的にクロタネソウと呼ばれるのは、ニゲラ・ダマスケナである。日本には、江戸時代に渡ってきたといわれる。

霧の中の恋（Love in a mist）、藪の中の悪魔（Devil in a bush）という意味の英名がある。恋と悪魔という愛と憎悪の対象のような正反対のイメージが同じ植物の中で混在している。咲いている時には、細い葉が花を包んでいるように見えるところから、霧の中の恋のことに例えたといわれる。だが、蕾の時には、開花中よりもさらに包まれて見える。そして、花の中心から先に角のようなものができる様子から、藪に隠れる悪魔のことに例えたといわれる。

花姿に特徴がある。細い糸のような葉は、苞といわれる。その中に見える花びらのような部分は、花弁ではなく萼片である。一般的な花色として青色は比較的珍しいといわれるが、ニゲラは青色が主体である。花後に丸い果実をつけ、熟すとはじけて出てくる黒いゴマのような種子が特徴的である。幻想的でミステリアスな姿を持ち、観賞用として楽しまれるのがクロタネソウであり、食用には適さない。また、ニゲラ・オリエンタリスといわれる花色が黄色のものなどがある。

他に、ニゲラ・サティバという、ニオイクロタネソウといわれるものがあるが、こちらも一般的にニゲラといわれる。こちらは種子が食用として用いられ、ブラッククミンの名を持つ。インドや中近東などでは、古い時代から種子がスパイス（香辛料）として使われている。インドが世界最大の生産を誇り、芳香や刺激を加えるスパイスとしてナンを焼く前にふりかけたり、野菜料理やカレーなどに使う。人々の生活に馴染んでいるニゲラは、イスラムでは、死以外の病を治すと伝えられた。

ニゲラは、古代エジプトのツタンカーメン王の墓でみつかっているが、その部位は種子ではないかといわれている。栽培の歴史は約3000年以上前に始まっており、旧約聖書にニオイクロタネソウは登場している。

ヨーロッパでは、睡眠に関する言い伝えがある。枕元にニゲラを置いて寝ると好きな人が現れ、夢で会えるというものである。

クワ科

桑
クワ

マルベリー　Mulberry

	風邪、糖尿病治療	なし	

- 観賞
- ✓ 食用
- ✓ 資材
- 香料
- 染料
- ✓* その他

*＝養蚕用

花色♦ ○
花期♦ 春
樹高♦ ～10m
性質♦ 落葉高木または低木

 花言葉
彼女のすべてが好き
ともに死のう

命を生み出す霊力の樹

マルベリーは、大まかにはクワ属全体をさす。日本ではクワ（桑）といわれる植物である。日本には、ヤマグワ（山桑）が自生しており、飛鳥時代にマグワ（真桑）が中国から渡ってきたといわれる。クワの葉は蚕の餌となる。蚕の口から絹糸のもとが出される。それが繭となり、人々はそこから絹糸を取り出す。やがて絹の生産が始まり、養蚕が盛んになっていった。中国では紀元前2000年以前の最古の絹織物が発見されている。

シルクロードを通じて、絹製品が西方へと伝えられる。絹は金などと並んで価値の高いものとして、使節の貢ぎ物や商品となり、渡っていったのである。その美しさから西洋でも貴重品として扱われ、人々を魅了した。中国は、かつて絹の製造法を秘密にしていたが、シルクロードを通じてマグワとともに伝わることになる。中国と中東を結ぶオアシス都市だった古代のホータン王国では、中国の王女を花嫁に迎える際に、内緒でクワの種子と蚕を持ち出させたという話がある。その後、絹の生産方法はローマ帝国に伝わっていった。そこからイタリア、15世紀にはフランスへと養蚕が広がった。イギリスにも伝わったが、ヨーロッパでは、19世紀に蚕の伝染病が蔓延したため絹産業は打撃を受けた。

マルベリーは、薬用、食用としても使われる。果実は、熟すと赤黒くなるものなどがある。いわゆるセイヨウグワ（西洋桑）は、食用になることが多い。

中国古代の神仙思想では、扶桑樹（フソウジュ）が一説にはクワの木ではないかという。毎日の朝夕の<mark>太陽の動きを司るという生命の樹</mark>が扶桑樹といわれた。古代の人々は、不老不死の仙人が住む仙境にあこがれ、生命の樹である扶桑樹にあやかろうとした。仙境には蓬莱山などがあり、秦の始皇帝が不老不死の薬を蓬莱山に求めさせたという。

日本では<mark>雷除けに「くわばらくわばら」と唱える。</mark>これは、雷が桑の木を嫌うという説や、菅原道真が怨霊となり京都に雷鳴をとどろかせたが、その所領であった桑原（くわばら）には、雷が落ちなかったという説などがある。

ギリシア神話にマルベリーは登場する。ローマの詩人オウィディウスの『変身物語』では、恋人であるピュラモスとティスベが家族から結婚を反対されるが、マルベリーの木の下で待ち合わせしようとする。しかし、無事に会うことは叶わず、最終的にピュラモスもティスベもマルベリーの木の下で、剣を突き刺して自ら命を絶つことになる。その時の血は、マルベリーの果実を染めた。悲恋の物語である。

©データはマグワについて記載。

ナス科

恋茄子
コイナスビ

マンドレイク / マンドラゴラ
Mandrake

なし	高 / 幻覚

観賞 / 食用 / 資材 / 香料 / 染料 / ✓その他
用途なし

花色 ◆ ■ ■
花期 ◆ おもに秋から春
草丈 ◆ 15cmほど
性質 ◆ 多年草

花言葉　幻惑 / 恐怖

悲鳴をあげる毒の媚薬

地中海沿岸あたりから中国西部にかけて自生しており、かつては鎮痛、麻酔薬として使用されたが毒性が強い。熟す前のミニトマトのような丸い果実がなる。地上部の葉の部分を頭の上部に見立てると、太い根はいくつにも分かれるのだが、その伸びた様子が胴体と脚のように見え、人体のようである。

古くから物語や小説に登場する毒草である。カルタゴ軍の将軍ハンニバルが、戦いの際、敵方がワイン好きとの情報を得て、退却と見せかけ、マンドレイクを入れたワインを残して敵を罠にはめた。カルタゴは、アフリカ北岸を中心に地中海貿易で栄えたフェニキア人の国家である。また、ハンニバルは、紀元前3世紀から紀元前2世紀にかけての人物で、連戦連勝を重ね、ローマ史上最強の敵といわれた。

マンドレイクはその見た目から雄と雌がいるとみなされた。媚薬としての働きがあると考えられ、ギリシア神話では、魔女と呼ばれるとともに女神ともいわれたキルケーが、誘いをかけるために使った植物である。旧約聖書の『創世記』には、不妊に効くという「恋なすび（恋茄子）」として登場した。その根は魔力があると考えられていた。マンドレイクは、引き抜かれる時に大きな金切り声を上げ、その悲鳴を聞いたものは死ぬといわれ危険であった。そのために、犬にマンドレイクを紐で結び付けて引き抜かせようとした。悲鳴を聞いた犬は死んでしまうが、マンドレイクをどうしても手に入れたかったのである。地中に根がはびこっており、時には、絡まった根がちぎれて音が出るという。現代では魔法使いの少年が冒険する物語を描いた映画『ハリー・ポッター』シリーズで、鉢植えのマンドレイクが登場した。その泣き声を聞くと命取りになる植物とされた。

また、錬金術の材料にも使用されたといわれる。この植物は災厄除けとして人々に持たれた。しかし、悪者が使うことで悪事を引き起こすものになった。ヨーロッパでは、その厄除け的効果と薬的な効能からよく取引された。フランスでは、ジャンヌ・ダルクが、マンドレイクを常に携帯していたといわれた。ジャンヌ・ダルクは15世紀の人物で、フランス軍に従軍し、イギリスとフランスの百年戦争におけるオルレアンの戦いで知られる。イギリス軍に陥落寸前のオルレアンを解放し、フランスを救った人物とされる。しかし、最後に彼女は異端審問で処刑されている。

花言葉の「幻惑」「恐怖」はマンドレイクの見た目やそれが持つ毒性の印象そのものである。

バラ科

桜
サクラ

サクラ　Cherry blossom

解熱・去痰　小 / 頭痛・腹痛

- ✓ 観賞
- ✓ 食用
- ✓ 資材
- 香料
- 染料
- その他

大きさ / 香り / 栽培難易度 / 寿命 / 耐寒

別名♦　夢見草 / 徒名草（アダナグサ）
花色♦　○ ● ○
花期♦　おもに春
樹高♦　2m〜20m　性質♦　落葉高木または低木

花言葉　精神の美 / 優美な女性

神に寿命を与えた花姫

サクラは、主に北半球の温帯に自生している。日本でサクラといえば古くはヤマザクラのことであった。古代の日本では、農耕の豊作、凶作を占うのにヤマザクラの咲き方をもとにしたという。サクラ（桜）を象徴しているといわれるのが『古事記』に登場する木花之佐久夜毘売（コノハナノサクヤビメ）という女神である。別名を木花開耶姫ともいう。次のような話がある。大山津見神（オオヤマツミノカミ）は、邇々芸命（ニニギノミコト）に娘たち2人を嫁がせようとしたが、邇々芸命は姉の石長比売（イワナガヒメ）を返してしまい、妹の木花之佐久夜毘売だけをお召しになった。このため、大山津見神が怒り、「石長比売を召し上げれば、岩のように命がかたく続くはずであったが、木花之佐久夜毘売だけを召し上げたので、邇々芸命は桜のごとく栄えるが、その命は桜のごとくはかないものとなる」と言った。そのことで天（アマツ）神（カミ）の子孫とされる天皇に寿命ができたという。

ヤマザクラは山地に生えるサクラで春には山を桜色に変える。吉野の千本桜は、シロヤマザクラを中心にして「下千本」「中千本」「上千本」「奥千本」とサクラの山並みが続く。吉野の地は、南北朝時代に南朝の拠点がおかれたところである。今では、サクラといえば思い浮かべるソメイヨシノは、エドヒガンとオオシマザクラの交雑種で、江戸時代に、現在の東京都・駒込あたりにあった染井村で植木商によって作り出された品種である。サクラは平安時代の頃から春の花の代表格であったが、江戸時代に庶民に花見の風習ができていった。江戸の花見所で有名な隅田川は、八代将軍徳川吉宗がサクラを植えさせたもの。南の沖縄では1月にリュウキュウカンヒザクラが開花する。対して北の北海道は、5月には大地に春を知らせるチシマザクラが開花する。

馴染み深いサクラには、次のような言葉がある。桜狩り、桜鯛、桜尽くし、桜煮などである。また、花筏は、桜の文字は入らないが、水面に散り落ちたサクラが流れる様子を筏に見立てたものである。

西洋周辺ではサクラの果実であるサクランボがチェリーとして愛されてきた。セイヨウミザクラ、スミミザクラなどが食用となっている。
サクランボの種は占いに使われた。昔から伝わるものには、結婚する時期を占うものがあるという。また、ある地域では実を結ぶことのないサクラの木は、悪魔や悪霊が取りついているといわれた。（出典『桜の文化誌』）
明治時代には日本のサクラがワシントンD.C.のポトマック河畔に贈られた。花の優美さに人々が魅せられ、友好の証（あかし）になったのがサクラである。

ミソハギ科

石榴
ザクロ

ポムグラネイト
Pomegranate

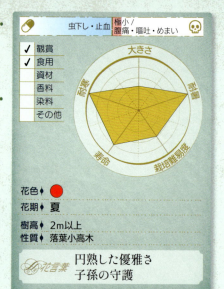

✓	観賞
✓	食用
	資材
	香料
	染料
	その他

虫下し・止血 / 極小 / 腹痛・嘔吐・めまい

大きさ・香り・栽培難易度・寿命・耐寒

花色 ● 赤
花期 ● 夏
樹高 ● 2m以上
性質 ● 落葉小高木

花言葉
円熟した優雅さ
子孫の守護

禁断の果実

諸説あるが、原産地は西南アジア、中東で、イランから東方向に中国、西方向にヨーロッパに伝わったといわれている。日本へは平安時代に渡ってきたとされる。結実しない八重咲きの「見る」ハナザクロ、「食べる」ミザクロがある。果実をつけるのは秋頃である。果汁や果肉が飲料やデザートなどになる。果実は粒をサラダなどに散らして食べると彩りが美しい。食用ザクロで流通しているものは、アメリカ産が多いという。

健康に効果があるとされる。日本では、観賞用として庭に植えられることが多かった。花だけでなく、果実が熟して割れる様子を楽しんだ。赤く透明感のある果肉で粒の集まりの一つひとつに種子がある。

ザクロは、子孫繁栄や子宝、多産、豊穣を表すとされることが多い。一説には、ザクロの呼称はザグロス山脈が由来であるといわれる。ザグロス山脈とは、古代オリエントを統一したアケメネス朝の首都とされるペルセポリスがあった山脈である。現在は、イランからイラクにかけて、またトルコとの国境線の一部となる。

ギリシア神話によると、ペルセポネ（コレー）は冥界の神ハデスに誘拐され妻にされる。ペルセポネの母デメテルは激怒し、ゼウスに訴えた。ゼウスはハデスにペルセポネをあきらめるように求めた。仕方なく解放することにしたハデスだったが、ペルセポネが発つ際、彼女にザクロを食べさせた。冥界の果実を食べたため、冬の間はハデスのもとに留まらなければならなくなったという。ザクロは、赤く傷口をイメージさせるので、ギリシア神話では死者や冥界と関連して描かれたのではないかといわれる。

キリスト教のエデンの園を題材にした美術では、ザクロが描かれたことがあった。エデンの園は旧約聖書の『創世記』に出てくる理想郷で、アダムとイブが禁断の果実を食べて追放されたところである。そこには、生命の樹と知恵の樹が植えられていたのだが、生命の樹はザクロではないかという説がある。

仏教では、鬼子母神が右手にザクロを持つ。釈迦が鬼子母神に、人の子を食べないでザクロの実を食べるように戒めたという話がある。鬼子母神は、のちに心を改めて、子どもを守護する神となったとされる。

マツブサ科
実葛
サネカズラ

サネカズラ
Japanese kadsura

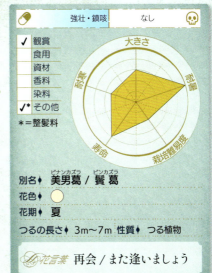

強壮・鎮咳	なし

- 観賞
- 食用
- 資材
- 香料
- 染料
- ✓ その他

*＝整髪料

別名♦ 美男葛（ビナンカズラ）／ 髪葛（ビンカズラ）
花色♦ （白）
花期♦ 夏
つるの長さ♦ 3m〜7m　性質♦ つる植物

花言葉　再会／また逢いましょう

絡みつく再会の執念

日本、中国、台湾あたりに分布する。常緑のつる性の植物で他の植物などに巻きつく。赤色の集合果がなり果実は薬用となる。また、果実の美しさから観賞用にされる。

古くから、ツルからとれる粘液を髪を整えるための整髪料として用いた。そのためビナンカズラ（美男葛）の別名がある。人々が美容に意識を向けていたのが分かる。鬢水（びんみず）といわれる櫛を浸す液にサネカズラを用いた。サネカズラを入れる容器は、鬢盥（びんだらい）という。18世紀頃までよく用いられていたといわれる。また、フノリカズラ、トロロカズラと呼ばれる。

サネカズラは『万葉集』に登場し、枕詞の「さなかづら」として用いられる。ツルが絡み合う時、また果実が赤く熟す時、燃えるような想いを連想させるのであろうか。「後も逢はむ」とする**逢瀬へ焦がれる様子が反映**されている。万葉の時代にさかのぼるのは、7世紀後半から8世紀後半のことであるが、恋心はいつの時代も変わらない。また『百人一首』で詠まれるサネカズラは、「さ寝」（一緒に寝ること）の掛詞として使われる。

カズラ（葛）という呼び方は、つる性植物全般を指す。カズラと名のつくものには、ヘクソカズラ（屁糞葛）や、テイカカズラ（定家葛）がある。ヘクソカズラはその名が示すように、葉や果実などをつぶすとひどい悪臭がする。ヘクソカズラはその匂いに似合わないが、花の様子を田植えする乙女の笠になぞらえて、サオトメバナ（早乙女花）と呼ばれることもある。

また、テイカカズラには伝説がある。平安から鎌倉時代初期の公家・歌人の藤原定家は式子内親王を愛したが、死後も彼女を忘れることができずに執念を持ち、テイカカズラとなって彼女の墓に巻きついた。これがテイカカズラの名の由来という。

他に葛の字を使う植物に、読み方の異なるクズがある。秋の七草に数えられ、くず粉にして利用され、和菓子材料やとろみ付けに用いられるつる性の植物である。

サネカズラは、そのツルが絡みつくように、一時は、離れているように見えるが、いつか出会う時期があろうことを願っている。また、逢いましょうと期待を感じさせる。

キク科
紫苑
シオン　Tatarian aster

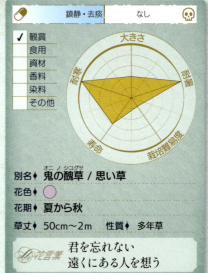

鎮静・去痰　　なし

✓ 観賞
　 食用
　 資材
　 香料
　 染料
　 その他

大きさ／耐寒／耐暑／栽培難易度／寿命

別名♦　鬼の醜草（オニノシコグサ） / 思い草
花色♦　（薄紫）
花期♦　夏から秋
草丈♦　50cm〜2m　　性質♦　多年草

花言葉
君を忘れない
遠くにある人を想う

鬼から授かった予知能力

原産地は、中国、朝鮮半島、シベリアとされる。日本には、中国から渡ってきた。草丈は2mほどになり、人の背丈よりも高くなることがある。薄紫色の花びらが特徴である。紫色をしている花が群生している様子からシオン（紫苑）という名前がついたという説がある。また、中国最古の薬物書『神農本草経』では、根が紫であるとされており、そこから名前がついたという説もある。シオンの花のような色を、日本の伝統色では紫苑色と呼び、公家の装束の襲の色目のひとつとして用いられる。

古くから薬用として利用されてきた。平安時代には観賞用としても育てられるようになり、この時代に書かれた『源氏物語』にも登場する。『今昔物語集』の兄弟の説話の中でシオンは登場する。兄弟の父が亡くなり、兄は思いを忘れてしまうカンゾウ（萱草）という植物を植えて父のことを忘れようとした。弟は父を忘れず思うようにとシオンを植えた。やがて父の骸を守る鬼が、弟の気持ちに感心して、善悪のことを予知する能力を与えた。この説話に登場するカンゾウとシオンは、古くは人々に親しみをもたれるような植物であった。それぞれ忘れ草、思い草として表された。この説話では思い草を中心に描いているが、一方の忘れ草であるカンゾウ（萱草）の萱の字は、忘れるを意味する。中国では、何か憂うようなことがあった時、この植物に向かうとその憂いを忘れるといわれた。『今昔物語集』は、仏教説話やその他の物語からなっているが、構成は天竺であるインド、震旦である中国、本朝である日本の三部からなっている。ここに出てくる鬼は、中国でいうところの死霊や死者などの霊魂を指す「鬼」の要素も含まれているのではないかと考えられることもある。中国の鬼が日本に伝わってきて、日本の悪霊やもののけなどを意味していた鬼と混同されていった。鬼のイメージは多様といわれるが、日本では地獄で閻魔大王のもとで現れる獄卒として知られる。獄卒とは、地獄で様々な責め苦を通して亡者を苦しめるとされる。しかし、鬼神ともいわれ、恐ろしい神として表現されることもある存在である。この説話の中では、鬼は情けのある存在として描かれている。

シオンは、別名「鬼の醜草（オニノシコグサ）」と呼ばれる。『今昔物語集』には鬼とともに登場する。醜草という言葉自体は、草に対して、嫌な草であるというふうに罵る言葉であるともいわれる。強烈な異名を持つが、シオンは、鬼を感じさせるほど「強く思いを忘れない」という願いを込められた花である。

ガマズミ科
西洋接骨木
セイヨウニワトコ
エルダー
Elderberry / European elder

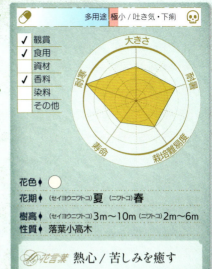

多用途　極小 / 吐き気・下痢

✓ 観賞
✓ 食用
　 資材
✓ 香料
　 染料
　 その他

花色 ◆ ○
花期 ◆ (セイヨウニワトコ)夏　(ニワトコ)春
樹高 ◆ (セイヨウニワトコ)3m〜10m　(ニワトコ)2m〜6m
性質　落葉小高木

花言葉　熱心 / 苦しみを癒す

庶民の薬箱

エルダーは、ヨーロッパ、西アジア、北アフリカに分布する。落葉性の小高木で、高さが10mになるものもあり、古くから薬用として使われてきたハーブである。花はエルダーフラワー、果実はエルダーベリーという。また、セイヨウニワトコ（西洋接骨木）の名を持つ。エルダーは、病気の予防に対して万能な働きがあるといわれるハーブである。解熱効果などがあり風邪の時にも良いという。イギリスでは「庶民の薬箱」と呼ばれている。

エルダーフラワーはフルーティーで爽やかな香りを持ち、ハーブティーとして利用される。イギリスにはコーディアルという伝統的な飲み物があり、材料にはハーブや果物を使うが、それにエルダーフラワーも使われシロップに漬け込む。

エルダーベリーは、ヨーロッパではよく知られる黒紫色の果実が特徴のベリーで、ジャムなどに加工して食べる。また、ワインとして広く飲まれている。（生の未熟な果実は毒性がある。）

言い伝えによればエルダーは幸せも不幸せも招く植物であった。墓地のエルダーの小枝に芽が出ることが、亡くなった人の魂が幸福

である印だといわれた。不吉な言い伝えとしては、キリストを裏切った人物であるユダが、エルダーの木で首を吊ったというものがある。ある地域では、エルダーには、二面性のある女神が関わっているともいわれた。エルダーは、魔力を持つ不思議な力が宿っている木とされたのである。

多くの伝説や迷信があるエルダーであるが、「尊い木」とも考えられ、勝手に切り倒すとよくないとされたため、切る時には、木を少し分けてくれるようにとの文言を唱えるという。

エルダー（セイヨウニワトコ）の仲間には、日本などに分布するものにニワトコ、オオニワトコ、エゾニワトコなどがある。ニワトコも薬用として知られ、「接骨木」と書くが、骨の治療に関係して湿布に使われることがあった。山菜として蕾や新芽を調理して食用になる。また、ニワトコの枝を削って、小正月の飾り物の造花「削り花」を作る地方がある。小正月とは、正月に対して、1月15日を中心とした行事である。

エルダーは、古くから、人々の病の苦しみを癒してくれる植物であった。

イネ科

竹
（タケ）

バンブー　Bamboo

- ✓ 観賞
- ✓ 食用
- ✓ 資材
- 　香料
- 　染料
- 　その他

花色 ◆ ●
花期 ◆ 120年に一度
樹高 ◆ 10m〜20m
性質 ◆ 多年生

 花言葉　節度／節操のある

1世紀に一度だけ花が咲く神霊の依代

イネ科のタケは、「稈（節があって中が空洞になっている茎）」を伸ばして育っていく。日本ではタケは広く生活用材に使用されてきた。タケは、軽く、容易に加工しやすく耐久性がある。

また、儀式などにも用いられ、正月、七夕、盆などをはじめとした行事に見られる。タケは神霊の寄りつく依代にもなってきた。新生児のへその緒を切るのに竹刀として使ったという。

日本で代表的なものはマダケ（真竹）、モウソウチク（孟宗竹）、ハチク（淡竹）である。これらは三大有用竹といわれる。

マダケやハチクは120年に一度花が咲くといわれる。マダケは、身近なところでは子供たちの遊び道具である竹馬、竹トンボになった。モウソウチクは大型で、タケノコとして食用になることが多い。地下茎から出た芽がタケノコになる。ハチクは、茶道具（茶筅）などの材料になる。

タケノコは『古事記』（ヨモツクニ）に登場する。黄泉国の場面である。見てはならないと言われたが、それを破って伊耶那岐命は伊耶那美命の死体を見てしまう。伊耶那岐命は伊耶那美命が遣わした醜女に追われるが、"御かづら"を投げつけると山ぶどうとなり、"爪櫛"を投げるとタケノコとなった。それを醜女たちが食べているすきに逃げることができたという。

中国では竹資源が豊富であり、タケを表す象形文字が数多くある。殷の時代には、タケでできた札に文字を書き込む竹簡が使われていた。紙の素材として、のちにタケの繊維から紙が作られるようになる。タケは楽器にもなり、中国では、笛子や簫というものがある。日本では、尺八が知られる。

行事に関連していえば、中国の爆竹がある。これは旧正月の祝賀にタケを燃やすと、稈の中の空気が膨張し破裂して音がしたものがもとになったといわれる。悪鬼は爆竹の音に驚き退散したという。

人物としては、中国には「竹林の七賢」がいた。3世紀頃の晋の時代に、竹林で清談した俗世を超えた7人は老荘思想に影響を受けており、儒教の礼教を批判的にとらえた。七賢は、阮籍、嵆康、山濤、向秀、劉伶、阮咸、王戎という。

©データはマダケについて記載。

アオイ科
立葵
タチアオイ
ホリホック　Hollyhock

消炎・鎮痛・利尿　　なし

✓ 観賞
　食用
　資材
　香料
　染料
　その他

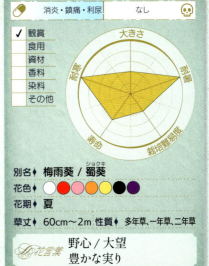

別名 ◆ 梅雨葵（ショッキ）/ 蜀葵
花色 ◆ 白・赤・ピンク・オレンジ・黄・黒・紫
花期 ◆ 夏
草丈 ◆ 60cm〜2m　性質 ◆ 多年草、一年草、二年草

花言葉
野心 / 大望
豊かな実り

聖なる鎮魂の花

タチアオイは、古くから咳止めなどに使われていた。英名Hollyhock（ホリホック）は、かつて十字軍がキリスト教の聖地とされるシリアからこの花を持ち帰ったため、「聖地の花」といわれたことからついた。原産地は地中海沿岸から中央アジアとされている。一番古い記録としては、イラクにあるシャニダール洞窟のネアンデルタール人の埋葬所から、タチアオイが見つかっている。死者を悼んでのことであろうか。

また、タチアオイ（立葵）の名は、茎がまっすぐと上に伸び上がっていくさまが、立っているように見えるところからついている。梅雨の時期に下から上に向かって順番に開花していき、先端の花の咲き終わりが梅雨明けの時期になるので、別名ツユアオイ（梅雨葵）と呼ばれている。また、たくさんの果実ができる。家の庭先などでよく見られた日常の風景に馴染んだ植物である。

この植物は、中国から平安時代頃に日本に渡ってきたため、カラアオイ（唐葵）とも呼ばれた。古い時代から中国では漢方薬として用いられ、三国志（西暦180〜280年頃）の「蜀の国の葵」から「蜀葵（ショッキ）」の名がある。

アオイが名につく植物には、アオイ科では、ウスベニアオイ、ビロードアオイ、フユアオイ、トロロアオイ、モミジアオイなどがある。
ウスベニアオイは、一般的にはコモンマロウといわれ、古代ギリシア、ローマ時代から薬用として知られている。ビロードアオイは、別名マーシュマロウといわれ、かつては根が洋菓子のマシュマロの原料となった。フユアオイは『万葉集』に登場する。古代に「あふひ」と呼ばれた植物が、フユアオイであるといわれる。歌の中で「あふひ」が逢ふ日（会う日）と掛詞になっている。また、トロロアオイといわれるオウショッキ（黄蜀葵）は黄色い花が咲き、モミジアオイといわれるコウショッキ（紅蜀葵）は赤い花が咲く。

アオイといえば、有名なものが徳川家の家紋で「三つ葉葵（みつばあおい）」である。しかし、ミツバアオイという名の植物は存在しない。ミツバアオイは、フタバアオイがモデルになっているといわれており、実在する植物であるが、アオイ科ではなくウマノスズクサ科である。
日本で、アオイというと、今では主にタチアオイのことである。身近でありながら、豊かな実りを見せる植物だ。

©データはタチアオイについて記載。

シソ科

立麝香草
タチジャコウソウ
タイム　*Thyme*

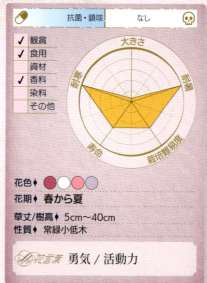

| | 抗菌・鎮咳 | なし | |

- ✓ 観賞
- ✓ 食用
- 　資材
- ✓ 香料
- 　染料
- 　その他

花色♦ ●○●
花期♦ 春から夏
草丈/樹高♦ 5cm〜40cm
性質♦ 常緑小低木

 花言葉　勇気／活動力

騎士に勇気を与えるハーブ

タイムの中では、コモンタイムがよく知られる。原産地はヨーロッパ南部の地中海沿岸で、常緑小低木である。タイムは、枝が上に向いて伸びていくもの、地面を覆うように広がっていくものに大別される。タイムは、清々しい香りが特徴のハーブである。

タイムの中にはレモンのような香りがするレモンタイムなどもあり、食用として知られるが、観賞用としても楽しめる。

日本に自生するタイムは、イブキジャコウソウ（伊吹麝香草）という。コモンタイムはタチジャコウソウ（立麝香草）といわれるが、名前に含まれる麝香とは、雄のジャコウジカの腹部にある香嚢からできる香料のことを意味する。

タイムは防腐効果が高く、ミイラの保存に使われた。古代ギリシアでは、神殿で場を清めるお香として焚かれた。また、強い抗菌力は、悪魔から守ってくれるとされた。

タイムはギリシア人に愛された花のひとつである。その香りは神聖で生命力を表すものとされ、そこから、ギリシア語の「勇気」を意味するthymosが、この植物にあてられたのではないかといわれる。そのことが、英名Thymeの由来ともいわれる。中世ヨーロッパでも、引き続きタイムは**勇気の象徴**とされ、「あなたはタイムの香りがする」は、人を称える言葉として使われた。古くから、タイムを燻して害虫駆除に使ったが、一方ミツバチが好み、集まる花として知られる。中世には、**貴婦人が、騎士のためにスカーフにミツバチとタイムを刺繍して渡した。**騎士は、それを持って戦いに向かったのである。

タイムは料理用のハーブとして、殺菌、防腐作用のあるところが重宝され、肉などを保存するために使われる。野菜との相性も良く料理の香り付けにも使う。調理には、枝や葉を用いる。フランス発祥のブーケガルニで使われるハーブのひとつとして知られる。ブーケガルニとは、煮込み料理に使う数種類のハーブ類を束にしたもので、臭い消しや風味付けをし、味に深みを与えるものである。コモンタイム、パセリ、ローレルなどを使ったものが一般的で、調理の終わりには除かれる。ハーブの組み合わせによって肉や魚などの臭い消しの効果が強まったり、風味がブレンドされたりする。また、タイムはハーブティーにもされる。

タイムの精油は石鹸の香料やアロマなどに使われている。清潔を保つために用いられ、薬用として風邪予防などに使われてきた。

古代からタイムの清々しい香りとその効能は、人に勇気を与え、活動力の源になっていた。

©タイムはイブキジャコウソウ属（ティムス属）の植物。　©データはタイムについて記載。

キク科

朝鮮薊
チョウセンアザミ

アーティチョーク
Artichoke

強壮・二日酔い緩和　　なし

観賞 ✓
食用 ✓
資材
香料
染料
その他

花色 ◆　紫
花期 ◆　夏から秋
草丈 ◆　1.5m〜2m
性質 ◆　多年草

 花言葉
警告／傷つく心
そばにおいて

貴族の媚薬

アーティチョークの名で、キナラ・スコリムスが知られる。原産地は地中海沿岸とされる。英名のArtichokeは、中世アラビア語で巨大なアザミを意味する語が変化していったもので、アラブ系の人々がアーティチョークの伝播に関わっていた。

名前にあるキナラは、一説にはギリシア神話に登場するキナラが由来とされる。主神ゼウスに恋されたキナラは、女神にされたが、ホームシックになりオリンポスから抜け出した。ゼウスがそれに怒り、キナラをアーティチョークに変えたとされる。

古代ギリシア、ローマ時代から品種改良が進み食用となっていく。15世紀にはイタリアで本格的な栽培が始まった。==媚薬としての効果がある==と考えられ、16世紀、イタリア・フィレンツェの大富豪メディチ家の出身のカトリーヌ・ド・メディシスが、フランスのアンリ2世と結婚した際に、アーティチョークを持ち込み、初夜の日に大量に食べたという話がある。のちに、カトリーヌは10人ともいわれる子供を産んだ母である。こうしてアーティチョークはイタリアからフランスへと伝わり、徐々にヨーロッパに広がっていった。

アーティチョークの近縁のカルドンといわれるものには、一般的に棘がある。こちらを改良したものが、アーティチョークといわれるようである。アーティチョークは棘がないものが多く、カルドンの方が野生的な様子である。アーティチョークは、日本には観賞用として江戸時代に渡ってきた。チョウセンアザミ（朝鮮薊）の朝鮮は外国から来たことを意味する。

イタリアでは、カルチョーフィと呼ばれる。今では、ヨーロッパやアメリカでは、よく見かける野菜である。花が咲く前の総苞と呼ばれる革質の葉に包まれた花蕾を食べることが一般的で、総苞の基部と花托の部分を食べる。茹でると柔らかくて食感はホクホクしている。旬のはじめの若い時期には、茎も食べることができる。花が咲くと、総苞の上にのっかっているように見える。日本のアザミ（薊）の花が巨大化したような感じである。蕾や葉を乾燥させてお茶として飲んだりもする。

日本では、近年生け花の花材として使われることがある。また、アザミといえば野に咲く花のイメージが強いが、アーティチョークは、野菜として食べられるアザミなのである。

アヤメ科
唐菖蒲
トウショウブ
グラジオラス
Gladiolus / Sword lily

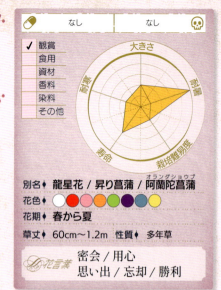

	なし	なし	☠

- ✓ 観賞
-   食用
-   資材
-   香料
-   染色
-   その他

レーダーチャート：大きさ／花壇／栽培難易度／寿命／耐暑

別名	龍星花／昇り菖蒲／阿蘭陀菖蒲（オランダショウブ）
花色	白・赤・ピンク・橙・黄・緑・紫
花期	春から夏
草丈	60cm〜1.2m
性質	多年草

 花言葉　密会／用心　思い出／忘却／勝利

小さな剣を持つ密やかな花

グラジオラスの名は、ラテン語の「グラディウス（剣）」に由来する。原産地は、南アフリカ、地中海沿岸とされ、日本へは江戸時代から明治時代にかけて渡ってきた。

葉が尖った様子が菖蒲に似ているためトウショウブ（唐菖蒲）という。花穂が順序よく連なり、華やかな色彩は切り花として見栄えがよい。

色違いのグラジオラスを花壇に植えると、豪華で優美に見える。春咲きと夏咲きがある。同じ場所で植えていると、生育不良になりやすい。

次のようなギリシア神話がある。大地の女神デメテルは、神聖な樹木を愛していたが、領主エリュシクトンは、樹木を切り倒してしまう。エリュシクトンは、それを止めに入った下僕（神を崇拝する者）の首を落としたので、デメテルは下僕の首から流れた血を、剣のような尖った葉を持つ植物に変えて森を守らせた。この植物は、グラジオラスといわれることがある。エリュシクトンは、罰によって飢餓感を与えられてしまう。絶え間ない空腹でやがて私財や娘まで売ったが、最後は自分自身までも食べてしまった。

また、古代ヨーロッパでは、==恋人たちの密会の時間を、花の数で知らせるために使われた==ようである。

18世紀から19世紀には、ロンドンの社交場を彩る花となった。ろうそくの灯りのもとでよく映えたので、キャンドル・プラントと呼ばれた。（出典『図説 花と庭園の文化史事典』）この頃のイギリスは、産業革命の時代にあたる。資本主義の確立、機械製工場の発達、工業都市の成長と経済的発展をとげた時代である。国内の社会的繁栄のもとで、ロンドンの社交界は華やかであった。ヨーロッパでは、一部の自生するグラジオラスは、穀物畑の雑草としての扱いを受けていたが、アフリカの喜望峰周辺からイギリスへ持ち込まれた明るく美しいグラジオラスは人気を博し、さらに花色の変化を求めて、多くの交雑種が作られたという。

英名のSword lily（ソードリリー）は、直訳すると剣の百合である。葉の形が剣に似ている花姿から、勝利へ向かうイメージへとつながっていくようである。

時計草（トケイソウ）

トケイソウ科

パッションフラワー *Passion flower*

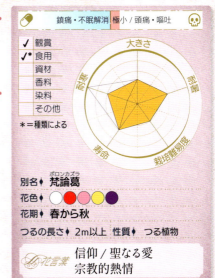

鎮痛・不眠解消 / 極小 / 頭痛・嘔吐

- ✓ 観賞
- ✓* 食用
- 資材
- 香料
- 染料
- その他

＊＝種類による

大きさ・耐寒・寿命・栽培難易度・香り

別名♦ 梵論葛（ボロンカズラ）
花色♦ 白・赤・ピンク・黄・紫
花期♦ 春から秋
つるの長さ♦ 2m以上　性質♦ つる植物

花言葉 信仰／聖なる愛　宗教的熱情

十字架上のメシア

トケイソウの中でパッシフローラ・カエルレアが知られる。原産地は中南米の熱帯、亜熱帯とされる。日本には江戸時代に渡ってきた。花姿が立体的でユニークである。時計盤とその回る針がある時計のように見えるので、命名された。

英名の Passion flower（パッションフラワー）は、受難の花を意味する。受難はイエス・キリストの精神的、肉体的な痛みや苦しみを示している。キリストの受難による死は、キリスト教の中心になる出来事のひとつとしてとらえられており、その後の復活とともに深い意味を持つ。花名につけられた Passion は、激しい感情を表す言葉でもあり、原義は「苦しみ」からきている。

この花を正面から見ると、受難のキリストに見える。雌しべの先端の柱頭が釘を表し、それで十字架に手足を打ち付け、5本の雄しべが、その傷を表しているようである。副花冠が糸状になっており特徴的で、それが冠または光輪を表すとしている。花には、5枚ずつの花弁と萼片がある。これらは10人の使徒を表すという。キリストは、十字架の上で亡くなったのである。

トケイソウはトケイソウ属に属している。スペイン人がヨーロッパにこの花のことを伝えた。つる性の植物で、500種に及ぶユニークな色合いの花が咲く。

トケイソウの仲間には、クダモノトケイソウ（英名はパッションフルーツ）といわれるものがある。ゼリー状の果肉とそれに包まれた種子が特徴の果実ができる。世界各地にあるが、日本では夏から秋頃には収穫時期となる。生のものや加工したものを食べる。その他、果実の重さが約2kgにもなるオオミノトケイソウがある。また、チャボトケイソウがハーブティーになる。

トケイソウは、かつてアッシジの聖フランチェスコが夢に見たという「十字架上の花」とイエズス会の宣教師に信じられた。彼らは中南米でトケイソウを用いて布教活動を行っていた。この時、布教のシンボル的要素となったトケイソウは、パラグアイでは国花となっている。また、イエズス会とは、カトリックの男子による修道会である。16世紀に創設され現在まで続いている。日本では、イエズス会宣教師としては、フランシスコ・ザビエルが知られるところである。

花言葉にある「宗教的熱情」とは、英語で religious fervor である。トケイソウは信仰など宗教的色合いが濃くでている。

モクセイ科

梣
トネリコ

アッシュ　Japanese Ash

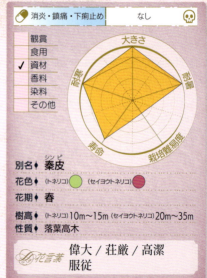

消炎・鎮痛・下痢止め　　なし

観賞
食用
✓ 資材
香料
染料
その他

大きさ／耐寒／寿命／栽培難易度／耐暑

別名 ♦ 秦皮（シンピ）
花色 ♦ （トネリコ）緑　（セイヨウトネリコ）赤
花期 ♦ 春
樹高 ♦ （トネリコ）10m〜15m　（セイヨウトネリコ）20m〜35m
性質 ♦ 落葉高木

花言葉　偉大／荘厳／高潔／服従

世界樹ユグドラシル

日本に自生するトネリコ（梣）という植物がある。また、ヨーロッパの広い範囲に自生するセイヨウトネリコという植物があるが、こちらも、トネリコと呼ぶことがある。これらは、トネリコ属に属している。

トネリコは、北欧神話の世界樹ユグドラシルとして登場する。神であるオーディンが、セイヨウトネリコから最初の人間を作ったという。北欧神話においては、世界樹とは神々も含めたこの宇宙の全てを表す樹木である。この樹木の枝が四方に広がって、神族や妖精、人間界など9つの世界を支える。3つある根はアースガルド（神族）、ヨツンヘイム（巨人）、ニヴルヘイム（霧と氷）の世界へと伸び、それぞれの先には3つの泉（運命・知恵・死）がある。神々は、アースガルドに向かう根の先にあるウルドの泉（運命の泉）に集う。ユグドラシルは枯れることがなく、その世話は3人の運命の女神がしており、彼女たちは人間の寿命に関わる役目を持つ。彼女たちの仕事が終わりを迎えるのは、世界に終末が到来した時になる。北欧神話において終末はラグナロクという。世界樹（World tree）は、北欧神話だけでなく世界各地に宗教や神話として存在し、その地域の人々の世界観を反映している。今より木々に覆われていた頃の時代には、人々にとって樹木は、はるか高く、畏敬の念を抱かせる存在だった。

ギリシア神話のトロイア戦争では、トネリコの一種から武器が作られており、英雄アキレウスの槍となった。トネリコは、武器に使われるような頑強さがあり、さまざまな用具の材料となった。ヨーロッパでは、トネリコの木や葉が、子供たちを守ってくれると信じられていた。

日本原産種のトネリコは、中部、北陸地方などで田の畔に植えられ、田から刈り取ったあとの稲をかけて支えるための稲架木として利用された。木材としては、弾力性や強度に優れ、テニスのラケットや野球のバットといったスポーツ用品などに使われている。初期の飛行機の機体の材料になったこともあった。

また、日本でよく植樹されるもので、トネリコの仲間に常緑樹のシマトネリコがある。ガーデニング樹木としての需要があり、庭に年中ある緑として落ち着きをもたらす。

トネリコは、身近な存在ながら、人間が偉大なものとして尊んできた樹木である。

ナデシコ科
撫子
ナデシコ

ダイアンサス Dianthus

	利尿	なし	

レーダーチャート: 大きさ / 香り / 栽培難易度 / 寿命 / 耐寒

- ✓ 観賞
- 食用
- 資材
- 香料
- 染料
- その他

花色♦ 🔴🌸⚪🟡⚫
花期♦ おもに春から夏
草丈♦ 10cm～60cm
性質♦ 多年草

花言葉 無邪気／純愛

ダイアンサスはヨーロッパ、アメリカ、アジアなどに分布する。ダイアンサス属（ナデシコ属）には、ナデシコ、セキチク、カーネーションなどが属するが、一般的にダイアンサスと呼ぶ時は、カーネーション以外のナデシコの仲間を指すようである。

中国から渡ってきたセキチク（石竹）がカラナデシコ（唐撫子）といわれる。対して日本に古くからあるカワラナデシコ（河原撫子）は、別名ではヤマトナデシコ（大和撫子）といわれる。セキチクは、日本で平安時代には知られていた。セキチクは、茎が硬く葉の様子が竹のようであるところから、この名前になったという。

==また、我が子を撫でるようにかわいい花であるところから撫子という名がついた。==

ナデシコは、「秋の七草」のひとつである。秋の七草は、オミナエシ（女郎花）、オバナ（尾花）、キキョウ（桔梗）、ナデシコ（撫子）、フジバカマ（藤袴）、クズ（葛）、ハギ（萩）である。ナデシコは、カワラナデシコがそれにあたる。古くから日本では可愛らしいや美しいとされる花の代表格であった。「秋の七草」は、奈良時代の貴族で歌人の山上憶良の万葉集収録の和歌がもとになっている。歌には野に咲く花の様子がうたわれており、観賞用

美しく神聖な花

に歌などに詠まれることが多い草花で、食用である「春の七草」とは対照的である。

ナデシコといえば、大和撫子は外面と内面の両面の美を兼ね備えた日本女性のこと。美が関連した名前といえば、ナデシコの仲間には、アメリカナデシコがあり、別名でビジョナデシコ（美女撫子）という。

同じダイアンサス属でよく知られているものには、カーネーションがある。カーネーションは、オランダから日本へ江戸時代に渡ってきたといわれる。オランダナデシコ、オランダセキチクと呼ばれた。一説には、古代ギリシアではカーネーションはゼウスに捧げられたともいわれる。ゼウスは、ギリシア神話のオリンポス12神の最高位の神である。

ダイアンサスは、ギリシア語でdios（神聖な）＋anthos（花）が語源とされる。diosは「創造主・全能の神」を意味する。

▶オリンポス12神

ゼウス	全知全能の神	アルテミス	狩猟の女神
ヘラ	結婚の女神	デメテル	豊穣の女神
アテナ	戦略の女神	ヘパイストス	火の神
アポロン	太陽の神	ヘルメス	商人と盗賊の神
アプロディテ	愛と美の女神	ポセイドン	海の神
アレス	戦争の神	ヘスティア	家庭の女神

◎データはダイアンサス（カーネーション除く）について記載。

バラ科
花楸樹
ナナカマド
ローワン
Japanese rowan

	痔、あせも治療	極小 / 頭痛・嘔吐

- ✓ 観賞
- ✓ 食用
- ✓ 資材
- 香料
- 染料
- その他

（レーダーチャート項目：大きさ、耐寒、耐暑、栽培難易度、寿命）

- 別名 ♦ 七竈（ナナカマド）
- 花色 ♦ （ナナカマド）○ （セイヨウナナカマド）○
- 花期 ♦ 春から夏
- 樹高 ♦ （ナナカマド）6m〜15m（セイヨウナナカマド）8m〜20m
- 性質 ♦ 落葉高木

花言葉
慎重 / 賢明
私はあなたを見守る

魔女から身を守るルーンの木

ナナカマドは、日本の各地に自生しており、高山地帯にも見られる植物である。公園で植樹されていたり、街路樹として見かける。その強靭さから道具類の材料として使われた。ナナカマドは、春から夏に白い花が咲く。集まって咲く小さな花々の様子が楚々としている。対照的に、果実は秋になると赤く色づき、紅葉した葉と同調する様子が美しい。生け花では、葉が色づき始めた頃の様子が、場に趣をもたらし、季節の変化に合わせて花や果実のついた時期なども風情がよい。鳥が果実を好んで食べ、雪が積もっても腐らない赤い果実は渡り鳥たちの貴重な食料となっている。

ナナカマドは「花楸樹」「七竈」と書く。ナナカマド（七竈）の名の由来としては、燃えにくく、7度竈にくべても燃え切らないで残る、硬くて丈夫な木というところからきているといわれる。また、7日間、竈に入れられると良い炭になるからともいわれている。他にも説があるが、炭材としても知られるのがナナカマドである。炭のもとになる植物はさまざまあるが、炭が利用された歴史は、30万年前にさかのぼるという。また、家庭では炭を用いて料理をし、暖をとっていた。上手に息を吹いて炭を熾すのは家庭で見られた風景である。『枕草子』の冬の場面では、炭が登場する。冬の寒さをしのぐものとしての炭である。今では、家庭で見られることは減った炭だが、野外活動の燃料として使われているのは身近である。

ナナカマドの仲間でヨーロッパ原産のセイヨウナナカマドがあり、Mountain ash（マウンテンアッシュ）、または、魔除けを語源とするRowan（ローワン）と呼ばれる。
北欧神話にしばしば登場する植物として知られ、雷神トールが川で押し流された時に、ローワンの木につかまって助かったという話がある。雷神トールは、北欧神話の主神オーディンの息子である。北欧では、多くの木が神聖なものと信じられていたが、ローワンも古くから聖木としての信仰があった。魔除けになり魔女から身を守るとされた。また「ルーン（神秘）の木」と呼ばれた。時には船の木材の一部にローワンを使うことで、航海のお守りとなったようである。

楢 ナラ

ブナ科

オーク　Oak

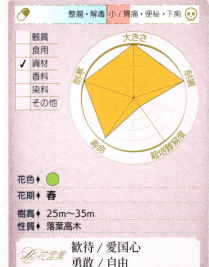

整腸・解毒	小 / 胃痛・便秘・下痢

- 観賞
- 食用
- ✓ 資材
- 香料
- 染料
- その他

花色♦ ●（緑）
花期♦ 春
樹高♦ 25m〜35m
性質♦ 落葉高木

花言葉　歓待 / 愛国心　勇敢 / 自由

聖なる雷神の木

オークの中で最もポピュラーで、ヨーロッパ全域に広く分布するのがヨーロッパナラで、コナラ属の落葉樹である。日本に自生するものには、コナラ属の落葉樹のミズナラやコナラがあり、常緑樹のものを一般的にはカシ（樫）と呼ぶ。

秋になると、どんぐりの実がなり、子供たちが親しみ、動物たちの食事になる。どんぐりは英語では acorn（エイコーン）という。

オークは比較的に耐久性、耐水性に優れており、身の回りの用具から造船の材料、樽材として、また住宅木材、家具にまで幅広く使われてきた。ヨーロッパナラ（オウシュウナラ）は、ローマ人が金属類を製錬するために使った。(出典『図説 世界史を変えた50の植物』) この樹木は炭としても良質であった。

人間の生活に必要な材木として深く入り込んでおり、有効に活用するために、伐採を続けながらも維持することに注力されてきた。オークは、物質面だけでなく精神面でも人間の生活を豊かにしてくれるもの、恵みを与えてくれるものとして愛されてきた。樹齢が長く、千年以上になるものもある。はるかに人間の寿命より長く、人にとっては永久的な存在として尊ばれてきた。

オークの生息する広い地域では、聖なる樹木や森の象徴、身を守ってくれる存在として、さまざまな形で崇められてきた。森の中でも目を引く巨大な姿をしている。ヨーロッパでは、人々は敬意を持ってオークの森や林に踏み入った。

ある地域においては妖精の好む木であり、キリスト教が広まるにつれ神聖な木として、オークから十字架やマリア像、礼拝所が作られた。ケルト民俗学ではオークは、トネリコ、ソーンと共に三大聖樹のひとつとされた。(出典『図説 樹木の文化史 知識・神話・象徴』)

古来には、雷がよく落ちることから、雷神の木としてギリシア神話のゼウスや北欧神話の雷神トールに結びつけられた。

神々の歴史の一場面に立ち会ってきたのがオークで、この植物にまつわる伝説のひとつに次のようなものがある。北欧神話の神々の父であるオーディンがひ孫の娘の結婚式の際に、館の中心にあるオークの木に無敵の力を授ける剣を突き刺し、これを引き抜けた者にこの剣を与えると言い立てた。その後、これを手に入れたオーディンのひ孫の息子が、妬まれ罠にかけられ殺されかけるが生き残り、復讐を果たした。このエピソードは、長寿の神々とともにオークが生きてきたことを象徴している。

オークは現在でも、人の住処となり、ぬくもりを感じさせる自然の守り神のような存在なのであろう。

©データはヨーロッパナラについて記載。

キク科
鋸草
ノコギリソウ

アキレア　Achillea

セイヨウノコギリソウ

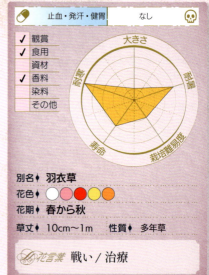

止血・発汗・健胃　／　なし

- ✓ 観賞
- ✓ 食用
- 　 資材
- ✓ 香料
- 　 染料
- 　 その他

別名♦ 羽衣草
花色♦ ○●●●●
花期♦ 春から秋
草丈♦ 10cm〜1m　性質♦ 多年草

花言葉　戦い／治療

戦場の傷薬

アキレアとは、主にセイヨウノコギリソウ（西洋鋸草）のことをいう。原産地はヨーロッパである。また、日本などに自生するノコギリソウ（鋸草）がある。葉の形がギザギザしているところからノコギリソウの名がついた。のこぎりの歯を鋸歯というが、それに見立てて葉の縁のギザギザを鋸歯という。

セイヨウノコギリソウは、イラクにあるシャニダール洞窟のネアンデルタール人埋葬所で発見された植物のひとつで、当時から薬効や祈りとして利用されてきたのではないかとされる。

セイヨウノコギリソウが日本に渡ってきたのは、明治時代である。セイヨウノコギリソウは、他の植物と組み合わせて植えると病害虫を防ぎ、周囲の植物の成長を促進するコンパニオンプランツ（共生植物）といわれる植物で、農薬や化学肥料に頼ることを減らせる。セイヨウノコギリソウの根から出る分泌液にその効果があるとされる。

アキレアは、ヤロウの名前でも知られているハーブである。ハーブティーとして風邪の時に飲むとよいとされている。また食用として若葉をサラダなどに使う。精油がとられアロマで用いられる。

一説には、アキレアの名はギリシア神話の英雄に由来するといわれる。古代ギリシアの時代にアキレウス（アキレス）がこの植物を用い、止血剤として負傷の際の治療にあたったと伝えられる。

アキレウスはトロイア戦争で活躍したが、最後は踵を射られ亡くなっている。踵が弱点とされたが、それはアキレウスの母が彼を不死の体にしようと、逆さにして冥界の川に浸したが、つかんでいた踵だけは水に浸からなかったからである。諸説あるが、アキレウスは死後、ギリシア神話に出てくる死後の楽園であるエーリュシオンに迎えられた。そこには冥界の裁判官がおり、神々の愛を受けた英雄の魂が暮らすとされる。

ノコギリソウは、東洋において古くは易占で用いる筮竹として使われたことがあった。易占とは、森羅万象など大局的な事柄から小事まで、幅広く活用される占いである。一般的に、筮竹は50本一組で使用し、最初に1本（もしくは2本）を取り出すが、これは、陰陽思想と結合した万物の根源である「太極」を表し、宇宙からの回答を受けるアンテナという解釈もされる。

◎アキレアはノコギリソウ属（アキレア属）の植物です。　◎データはアキレアについて記載。

キツネノマゴ科

葉薊
ハ アザミ

アカンサス
Acanthus / Bear's breeches

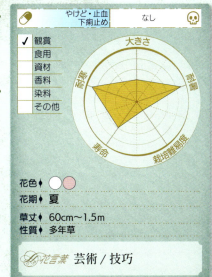

やけど・止血 下痢止め	なし

観賞 ✓
食用
資材
香料
染料
その他

大きさ・耐寒・繁殖・栽培難易度・寿命

花色◆ ○ ●
花期◆ 夏
草丈◆ 60cm〜1.5m
性質◆ 多年草

 花言葉　芸術／技巧

ゼウス神殿に刻まれた植物

原産地は地中海沿岸とされる。花穂が長く、下から上に向かって咲き上がっていく。観賞用でアカンサスといえば、一般的にはアカンサス・モリスを指す。他にアカンサス・スピノサスなどがある。アカンサスは、日本には明治時代に渡ってきたという。葉の形がアザミ（薊）に似ているのが特徴である。ハアザミ（葉薊）ともいわれ葉が尖っている。しかし、花はアザミには似つかない。伸びる茎と葉の広がる姿が美しい植物である。

ギリシアの国花である。アカンサスの葉が繊細にデザインされた装飾性のある柱頭が特徴的な、古代のギリシア建築のコリント様式に用いられる。ギリシア建築は、ドリス（ドーリア）式、イオニア式、コリント式が主な建築様式である。ギリシア建築は神殿に代表されるが、ゼウス神殿にはコリント式の柱が使われている。

アカンサス文様のコリント式の名は、町の名に由来する。コリントは、元は古代ギリシアのポリス（都市国家）のひとつであるコリントスのこと。当時のアテナイ（アテネ）やスパルタと肩を並べるポリスであった。古代コリント（コリントス）の町で、ある少女が亡くなり埋葬された。お供えに、彼女が生前大切にしていたものを入れたバスケットが置かれていた。そこにアカンサスが生えてきてバスケットを縁取り、その様子にアテネの彫刻家カリマコスがインスピレーションを得て、装飾の文様にアカンサスを用いたのが始まりと伝承される。紀元前5世紀頃のことである。

ギリシア建築は、ローマ建築に影響を与えている。そしてアカンサス文様は、以後のヨーロッパを中心とした世界に引き継がれる。建築物の柱のデザインだけでなく、建物の内装や絨毯の模様、その他のテキスタイルや家具、工芸品などにも用いられている。ヨーロッパではメジャーな文様であり、19世紀のイギリスのテキスタイルデザイナーのウィリアム・モリスが、アカンサスをデザインのひとつに用いた。ウィリアム・モリスの起こした美術工芸運動（アーツ・アンド・クラフツ運動）は、20世紀のモダンデザインの流れにつながっていったともいわれる。

アカンサスは、古代ギリシア時代から芸術的な植物として今も人々の心をとらえている。

ハス科

蓮
ハス

ロータス　Lotus

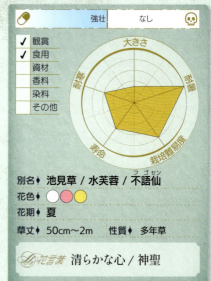

強壮　なし

✓ 観賞
✓ 食用
　 資材
　 香料
　 染料
　 その他

別名 ♦ 池見草／水芙蓉／不語仙（フゴセン）
花色 ♦ ○ ● ●
花期 ♦ 夏
草丈 ♦ 50cm〜2m　　性質 ♦ 多年草

花言葉　清らかな心／神聖

極楽浄土に咲く花

水生植物で、原産地はインドとその周辺ではないかといわれている。ハス（蓮）の花は、早朝の太陽が昇った頃より昼頃まで咲いている。花の中心部分の花托（かたく）の見た目が蜂の巣のようになるのでハチスというが、略されてハスと呼ばれるようになったという。花托の中に果実（種子）がなる。

水上に見られる花として、スイレン科のスイレン（睡蓮）と似ているが異なる花である。ハスは、水面上から茎を伸ばして花を咲かせるが、スイレンは、水面に浮いて花が咲く。

レンコン（蓮根）は、蓮の根と書くが、ハスの地下茎が肥大化したものである。レンコンは、日本では縁起の良い食物になっている。昔から節日（季節の変わり目などの祝い事をする日）に神に食べ物をお供えしていた。この節日の料理で代表的なものが正月のお節料理である。お節は縁起の良い食べ物が詰められるが、レンコンは、空いた穴がたくさんあることから「見通しがきく」といわれた。レンコンは、お節では煮ものとして詰められることが多い。

仏教では、釈迦が生まれて、七歩あるいた場所からハスの花が咲いたといわれる。ハスと仏教の関わりは深く、仏像が手に持つことがある。また、ハスの花の様子をもとにデザインされた蓮華文の瓦が、寺院などで用いられる。蓮華というのは、ハスやスイレンのことである。阿弥陀経にあるが、極楽浄土に咲く花は蓮華であるという。ハスやスイレンは、水中の泥面より出て美しい花を咲かせる様子が特徴である。泥から離れずに生きていく様子が、全てが清らかではない人生に重なる花である。

ハスは、インドのヒンズー教においても大切な花である。インドの国花はハスである。

またエジプトでは、Lotus（ロータス）が国花である。英語でLotusは、ハス、スイレンのことを指すが、エジプトでのロータスはスイレンのことを指しているといわれる。スイレンは日の出の時に開花するため、太陽神と結びついて神聖な花とされていた。神に供えられたり部屋を飾り、花輪となった。神殿の中にある池にも植えられていたという。

フランスの印象派の画家クロード・モネが『睡蓮』を描いたのが知られる。19世紀の終わり頃から20世紀にかけてのことである。変化する自然の様子を、池の水面に咲くスイレンをモチーフにして描いた。

ハスは、泥水の中から育ち、清らかな心を持つ。神聖な植物である。

©データはハスについて記載。

薔薇
バラ

バラ科

ローズ　Rose

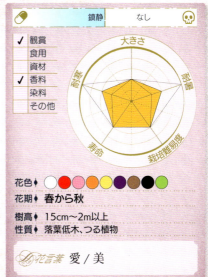

		鎮静	なし	

観賞 ✓
食用
資材
香料 ✓
染料
その他

大きさ / 耐寒 / 耐暑 / 栽培難易度 / 寿命

花色♦ ○ ● ● ● ● ● ● ● ●
花期♦ **春から秋**
樹高♦ 15cm～2m以上
性質♦ 落葉低木、つる植物

花言葉　愛 / 美

春 / 夏 / 秋 / 冬

美と誘惑の魔法花

バラは、北半球の温帯に自生しているといわれる。原種や野生種があり、オールドローズと現在のバラの主流であるモダンローズに大きく分かれる。1867年には、モダンローズの始まりである画期的な品種「ラ・フランス」が作出された。

観賞はもとより、バラ水、香水、精油などが消臭のために使われたり、香り付けとなり芳香を珍重されることが多かった。薬草としての働きもあり、アロマにも用いられる。

イングリッシュガーデンの中心的な花であるバラは、イングランドの国花である。15世紀のイングランド地域で起こったランカスター家とヨーク家による内乱は、のちに「薔薇戦争」と呼ばれた。その後、両家が統合された証である紋章テューダーローズには、赤いバラの中に白いバラがおさまっている。また、アメリカもバラを国花としており、州花となっている地域もある。アメリカのコロラド州では、3500万年前の地層からバラの化石がみつかっている。

バラは、花姿と香りが人々を魅了してきた。画家ボッティチェリの『ヴィーナスの誕生』に描かれ、ギリシア神話の女神アプロディテの傍らにはバラがあった。絶世の美女とされたエジプトのクレオパトラは、バラをこよなく愛し、バラを浮かべた風呂に入ったり、その香りでローマの英雄カエサルやアントニウスを誘惑した。戦士は戦いの際にバラの香油を塗った。そして、遺体はバラの香油を用いて防腐処理された。<mark>錬金術師は、魔術と神秘の象徴である五芒星を表すものとして、5弁のバラを描く</mark>ことがあった。キリスト教では、聖母マリアを象徴する花である。イスラム教では、バラ水で身体が清められ、建築物の浄化などにも用いられた。

日本に自生するバラであるハマナスは、海岸にも生育し、海の景色と重なる花である。別名ハマナシという。ハマナスをはじめ野生のバラには、一重咲きがよく見られる。

また、中国から渡ってきたバラに、十六夜の月にちなんだ名をもつイザヨイバラがある。

『源氏物語』にバラ（薔薇）は登場する。三位中将による歌のなかで、光源氏はバラにひけをとらない美しさを誇る人物として表された。

日本のバラでは、ハマナスやノイバラなどが欧米に渡っていった。

東洋のバラの広がりは、中国が鍵になった。18世紀にヨーロッパでは、中国のバラブームが起こる。開花期の長いことや四季咲きであることが珍しくとらえられた。世界中で愛されるバラは、まさに愛と美において花の女王として君臨する。

ドクダミ科

半夏生
ハンゲショウ

リザーズテイル
Chinese lizard's tail

利尿・解毒・解熱 / なし

✓ 観賞
　食用
　資材
　香材
　染料
　その他

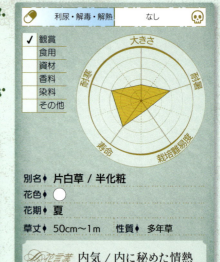

別名♦ 片白草 / 半化粧
花色♦ ○
花期♦ 夏
草丈♦ 50cm〜1m　性質♦ 多年草

 花言葉 内気 / 内に秘めた情熱

毒の雨を降らせる植物

東アジアから東南アジアに分布している。水辺や湿地に生える。薬用となる。

花期になると、花序の近くの葉が白くなり、虫に花があることを知らせる。花期が終わると緑色に戻る。化粧をしたように葉の半分が白くなることから、ハンゲショウ（半化粧）といわれ、カタシログサ（片白草）とも呼ばれる。花自体は、小さく控えめだが、葉の緑と白のコントラストが美しい。

また、ハンゲショウの名は、七十二候のひとつである半夏生の時期にちなむという説もある。半夏生は7月2日頃で、二十四節気のひとつである夏至から11日後の日とされてきた。ハンゲショウはその頃に葉が白くなり花が咲く。

二十四節気とは、黄道（太陽の通り道）に基準点を24個設け、太陽がその位置に来た日に季節を表す名称で呼ぶものである。七十二候とは二十四節気をさらに三分割して名称をつけたもの。これは、季節の区切り目を示すものである。また、その区切り目から始まる期間を指すこともある。二十四節気七十二候は太陰太陽暦といわれる旧暦の中で使われてきた。明治6年より、太陽暦と呼ばれる新暦が使われることになったが、今も二十四節気七十二候は、季節の移り変わりを知らせている。

半夏生の日は、古くは農作業の目安として田植えを終える日であった。休息を促し、大雨の警戒から「毒の雨が降る」言い伝えられ、この時期には、井戸に蓋をし、男女の交わりを避けるなどし、物忌み日として重きをおかれてきた。

一方、祭礼が行われることもある。島根県の中国山地ではこの時期に田の神が山に行き、七夕には天にのぼるとされ田囃子を舞った。他にも半夏生にまつわる伝承は日本各地にある。この時期は雨が降らなければ空梅雨となり、豪雨が続いても困るので、無事に田植えを終えることに安心したのではないだろうか。半夏生は、稲作を常とする地域では、農作業の一休みに入る時期となった。

関西では半夏生の時に、稲の苗がしっかりと田に根付くように願い、タコを食べる風習がある。福井では、鯖を食べ田植えの労をねぎらったという地域が見られる。

半夏生の時期を越えると、夏の暑さが本番を迎える頃になる。夏を乗り切る農民たちのひとふんばりが必要であったのかもしれない。ハンゲショウは、そんな人々の豊作を願う熱い想いを見守っていたのであろうか。

アヤメ科

番紅花
バンコウカ

サフラン　Saffron crocus

💊	婦人病治療	小 / 腹痛・吐き気	☠

- ✓ 観賞
- ✓ 食用
- □ 資材
- ✓ 香料
- ✓ 染料
- □ その他

別名♦ 泊夫藍（サフラン）
花色♦ ■
花期♦ 秋から冬
草丈♦ 10cm〜15cm　性質♦ 多年草

花言葉　喜び / 陽気 / 歓喜
濫用するな

妖精に恋した少年の化身

サフランの名は、黄色を意味するアラビア語に由来しているともいわれる。ギリシア神話では、**美少年クロコスが森のニンフ（妖精）と恋に落ちたが、その執拗さから神々が二人をそれぞれクロッカス（サフラン）とスミラクス（つる性植物）に変えた**とされる。

赤い雌しべが糸状に伸びているのが特徴的である。その雌しべの柱頭を乾燥させたものがスパイスのサフランである。1個の花からとれるスパイスの量が、3本の雌しべのみと非常に少ない。1kgのサフランを作るのに10数万個の花が必要となる。開花時に手摘みされ、スパイスとしては最も高級なものとして扱われている。

フランスのブイヤベースなどのヨーロッパの料理に使われる。ブイヤベースとは、魚介類を香味野菜で煮込む郷土料理で、地中海沿岸のマルセイユが発祥といわれる。サフランで色と風味が付けられる。インドでは、サフランライスなどに使われる。

サフランの利用は幅広い。染料としては、仏僧の着けるサフラン色をした法衣に使われる。また、ペルシア絨毯など、さまざまなものを染めてきた。インドではヒンズー教をはじめとする宗教の行事でサフランを使う。インド国旗の濃い黄色はサフラン色である。

薬、香辛料、香料、染料などとして使用されてきた歴史が長く、古代までさかのぼる。紀元前2000年から紀元前1400年頃のミノア文明では、すでにサフランは利用されていたという。原産地は地中海沿岸で、中東や南アジア、ヨーロッパに広がっていったと考えられる。日本には、江戸時代に薬用として伝わってきた。サフランは、その市場価値の高さから栽培が進んだのである。現在の主要産地はイランである。高品質のサフランとしては、スペイン産やインド・カシミール産が名高い。

アレクサンドロス大王がサフランを重宝したといわれる。アレクサンドロス大王は、紀元前4世紀のマケドニア王国の王であり、アジアやアフリカ、東方遠征を果たした英雄である。サフランを浸した薬湯で兵士たちの傷を治すなどしていた。また、サフランは、中世には、ペストの治療に効くと考えられたため需要が高まった。

サフランは、独特の甘さのある香りでうっとりし、人を陽気にさせた。しかし過度の摂取により健康への悪影響が出ないように、必要以上に濫用することのないように考えられたのであろう。

彼岸花(ヒガンバナ)

ヒガンバナ科

リコリス　Red spider lily

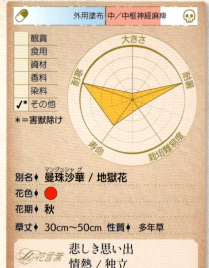

外用塗布　中／中枢神経麻痺

観賞／食用／資材／香料／染料／✓*その他
＊＝害獣除け

別名♦ 曼珠沙華(マンジュシャゲ)／地獄花
花色♦ ●
花期♦ 秋
草丈♦ 30cm〜50cm　性質♦ 多年草

花言葉
悲しき思い出
情熱／独立

天上と現世をつなぐ地獄の花

ヒガンバナの属名はリコリスという。ギリシア神話の海の精リュコリスに由来するとされる。原産地は中国とされ、古くに中国から日本に渡ってきた。『万葉集』に登場する「壱師(いち)の花」がヒガンバナのことをいうのではないかという説がある。ヒガンバナは秋の彼岸の時期に咲く花である。ヒガンバナは赤色だが、同じリコリス属(ヒガンバナ属)で、花姿の似た白い花のシロバナマンジュシャゲ(白花曼珠沙華)、黄色の花のショウキズイセン(鐘馗水仙)がある。

田の畔に群生して咲いている様子が見られ、秋の風物詩にもなっている。田の畔に植えられた理由は、この植物が持つ毒性によるモグラなどの害獣除けであった。モグラは、餌を求めて地中にトンネルを作るので、保水率が低下したり作物の根を傷つけることがある。そして、益虫であるミミズを食べる。

昔は、ヒガンバナの球根で飢えをしのいだことがあったようである。一般的にはヒガンバナは毒性が強く食用に向かない。しかしデンプンが含まれており水にしっかり晒すと毒がぬけるという(編注：食用厳禁)。別名が多い花で、シタマガリ(舌曲)やシビレバナ(痺花)など、日本各地に多くの呼び名があった。ヒガンバナは、花が咲く時期には葉がなく後から生えてくる。まっすぐに直立した茎の先の赤い花の燃えるような様子からか、キツネノタイマツ(狐炬火)という別名がある。秋の一時期、あたりを赤く染める花々の連なりが、その地に住む人々の生活には溶け込んでいたのかもしれない。田の畔以外にも、寺や神社、墓、河岸や山の斜面などに見られ、植えられたものも多かったようである。

別名にシビトバナ(死人花)、ジゴクバナ(地獄花)という名前があり、忌むもの、不吉な花とされていたようだが、ヒガンバナの「彼岸」とは、仏教的には川の向こう岸であり、極楽浄土のこととされる。「彼岸」に対して、こちら側の岸であるこの世ともいえる現世は「此岸(しがん)」という。

仏教に関連したヒガンバナの別名「曼珠沙華(マンジュシャゲ)」は法華経に由来する。天上の花という意味があるという。法華経とは大乗仏教の中で広く信奉されてきた経典である。ヒガンバナの別名、テンガイバナ(天蓋花)は、それを連想させるような名前である。天蓋とは、寺院では仏像や住職の頭上にかけられた装飾を施した蓋のことである。

ヒユ科
紐鶏頭
ヒモゲイトウ
アマランサス　Amaranth

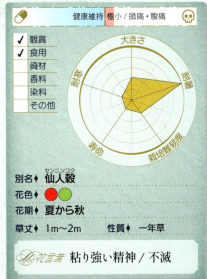

健康維持　極小／頭痛・腹痛

- ☑ 観賞
- ☑ 食用
- ☐ 資材
- ☐ 香料
- ☐ 染料
- ☐ その他

（レーダーチャート：大きさ／需要／栽培難易度／寿命／耐寒）

別名	仙人穀（センニンコク）
花色	● ●
花期	夏から秋
草丈	1m～2m
性質	一年草

花言葉　粘り強い精神／不滅

アステカの不滅の植物

アマランサスの学名は、Amaranthus（属名）であるが、これは萎れることがない花を表している。花の色を長く保ち、なかなか褪せない。南アメリカから分布が広がったと考えられる。ヒユ科ヒユ属（アマランサス属）は、総じてアマランサスといわれる。紐状に花穂を下げたヒモゲイトウ（紐鶏頭）の栽培が多い。他にも、ハゲイトウ（葉鶏頭）、ヤナギバケイトウ（柳葉鶏頭）などが知られ、葉の色づきが特徴的である。花からは染料がとれるが、赤い色はアマランサス色として表現される。また、観賞用として暮らしを彩る。ドライフラワーなどがインテリアとして親しまれる。

アマランサスのある種類のものは、いくつかの地域で食されてきた。古くは、メキシコ高原一帯にいたアステカ人の主要な食物として栽培されていた。現在は栄養価の高いスーパーフードとして注目されている。

アステカ帝国は15世紀から16世紀にかけてメキシコの中央部に栄えた。アステカの名は、この民族の伝説上のゆかりの地である"アストラン"からきている。アステカ人はアストランを出発し、メキシコ中央高原を移動していたが、メキシコ盆地にたどり着くとテスココ湖の湖畔に住まいを定めたという。アステカ帝国は繁栄し、1519年にコルテスが率いるスペイン人が到着した時は、メキシコ中部をおおむね統一していた。しかし1521年には、スペインの征服によってアステカ帝国は滅亡する。

アマランサスは、宗教との関係が深かったといわれ、儀式に利用するなどして大切にされていた。アステカ神話は、この地にあった過去の文明都市テオティワカンやトゥーラからの神話を継承しており、そこにアステカの伝統が加えられていった。

アステカ神話には、さまざまな神が存在するが、主要な神に雨と雷(稲妻)の神トラロックがいる。アステカ人は、トラロックが干ばつと雨を司っている神だと考えており、子どもを生贄にしていた。アステカ神話の源流となるテオティワカンでは、トラロックは、主神、雨神として厚く信仰されていた。紀元前2世紀から6世紀まで繁栄していたテオティワカンの有名な建造物に「太陽のピラミッド」、「月のピラミッド」がある。テオティワカンは「神々の都市」という意味で、12世紀頃、この地に来たアステカ人が名付けたという。アステカの創造神話において、今までに世界は5回創造されてきたという。現在の世界は「第5の太陽」とされ、1回目から4回目の太陽（＝時代）は滅亡したとする。メキシコの国章は、アステカ神話がもとになっている。

©データはヒモゲイトウについて記載。

ナス科

鬼灯
ホオズキ

チャイニーズ・ランターンプラント
Chinese lantern plant

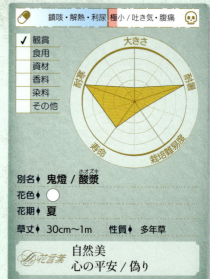

鎮咳・解熱・利尿 ｜ 極小／吐き気・腹痛

- ✓ 観賞
- 食用
- 資材
- 香料
- 染料
- その他

別名 ◆ 鬼燈／酸漿（ホオズキ）
花色 ◆ ○
花期 ◆ 夏
草丈 ◆ 30cm〜1m　性質 ◆ 多年草

花言葉　自然美
心の平安／偽り

赤く輝く目の大蛇

日本で見られる主に観賞用のホオズキの原産地は、東アジアとされる。ホオズキの特徴である果実を赤く包んでいる皮は萼である。ホオズキの果実から中身を取り除いて皮を口に入れて音を鳴らしたり、ホオズキを人形にするという遊びがあった。一説には、ホオズキの名は頬からきたものであるという。

『古事記』によると、八俣遠呂知（ヤマタノオロチ）の目が赤加賀智（アカカガチ）のようであったと例えられる。赤加賀智とは、ホオズキの古名で、カガチ（輝血）、アカカガチ（赤輝血）ともいう。ヤマタノオロチは、頭と尾が８つずつある大蛇で、酒を飲み酔って寝てしまう場面が印象的である。須佐之男命（スサノオノミコト）（『日本書紀』では、素戔嗚尊（スサノオノミコト））が酔い潰れたヤマタノオロチの尾を切ると大刀が出てきて、天照大御神（アマテラスオオミカミ）に献上したという。『日本書紀』では、剣が出てきて天神（アマツカミ）に献上されたのだが、この剣を草薙剣（クサナギノツルギ）といい、後に三種の神器のひとつに数えられるようになった。三種の神器は八坂瓊曲玉（ヤサカニノマガタマ）、八咫鏡（ヤタノカガミ）、そして草薙剣（クサナギノツルギ）といわれる。

ホオズキといえば、東京の浅草寺には、７月に四万六千日（しまんろくせんにち）の功徳（ご利益）が授けられる日がある。この縁日に江戸時代から続く「ほおずき市」が立つ。「ほおずき市」では、昔から、流行り病にそなえて薬用になるセンナリホオズキが売られていた。今は、タンバホオズキが主になるという。近世の江戸を中心に、ホオズキがおもちゃとして愛されていた。当時は、ホオズキ売りによる行商が盛んであったという。ホオズキは、江戸の夏到来の風物詩であった。

また、夏のお盆に供える盆花として、ホオズキは飾られる。鬼灯と字があてられるのは、ホオズキが赤く仏壇や墓を飾る提灯のように見えたからであるが、一方で人魂にも見えたようである。お盆のことを「盂蘭盆会（うらぼんえ）」ともいう。釈迦の弟子である目連が、自分の亡き母が地獄の餓鬼道で苦しんでいるのを救いたいと考え、釈迦に教えを求めると７月15日に供養せよと教えられた。これが先祖の霊を供養するお盆につながっているのである。

ホオズキには、屋敷に植えると病気の者や死人が出るという不吉な言い伝えもある。神仏のご利益が心の平安をもたらす一方で、鬼（中国で死者の霊）の灯火として畏怖もされた。

キンポウゲ科
牡丹一華
ボタンイチゲ

アネモネ
Anemone / Wind flower

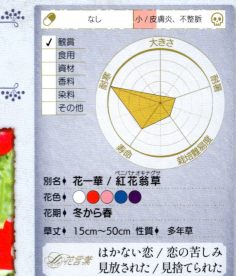

| | なし | 小 / 皮膚炎、不整脈 | |

☑ 観賞
□ 食用
□ 資材
□ 香料
□ 染料
□ その他

別名♦ 花一華 / 紅花翁草（ベニバナオキナグサ）
花色♦ ○ ○ ● ● ●
花期♦ 冬から春
草丈♦ 15cm〜50cm　性質♦ 多年草

花言葉　はかない恋 / 恋の苦しみ
見放された / 見捨てられた

女神が愛した美少年の血

アネモネの名でアネモネ・コロナリアが知られる。アネモネとは、ギリシア語の"風"を意味する言葉からきている。萼が色づいて花びらのようになる。花色が明るくバリエーションがあって花壇を彩る。伸びた茎の先に、ひとつ花をつける。アネモネの種子は綿毛状になっているため、風によって運ばれる。原産地は南ヨーロッパから地中海東部沿岸とされる。日本には明治時代に渡ってきた。

ギリシア神話によると、**女神アプロディテに愛された美少年アドニスが死んで流した血がアネモネに姿を変えた**という。古代ギリシア、ローマの時代には、花の冠として用いられた。また、女神クロリスに仕えるニンフ（乙女）のアネモネにまつわる、次のような話もある。そのニンフは、**風の神ゼピュロスに見初められるが、それをよく思わなかったクロリスは、ニンフを追放してしまう。別れに際して、ゼピュロスは、ニンフを花に変え、それをアネモネと名付けた**という。風の神は代表的な神が4柱いるが、北風はボレアース、南風はノトス、東風がエウロス、西風がゼピュロスである。総じて**風の神を「アネモイ」と呼ぶ**。

アネモネは十字軍の時代に、聖地からヨーロッパに運ばれたといわれている。十字軍とは、カトリックの西欧諸国が、キリストが受難した地である聖地エルサレムを、イスラム教徒から奪還しようと遠征したものである。十字軍は、11世紀から13世紀にかけて7回ほどに分けて派遣された。十字軍のこの遠征により、東西の交流が盛んになり往来が増えて交通や商業が発達した。この時多くの植物も運ばれている。

アネモネは、キリストや聖母マリアとも関係しており、復活祭の花とする地域がある。復活祭は「イースター」といわれ、キリストの復活を祝う行事である。磔刑にされて亡くなったキリストが、3日目に復活したことを祝う記念日としてキリスト教で重きをおかれている。祝う日はその年によって変わり「春分の日の次の満月の後の最初の日曜日」である。アネモネだけでなく復活祭を飾る代表的な花があるが、それは「イースターリリー」といわれ、イースターではユリを飾る習慣がある。

シソ科
茉沃刺那
マジョラム　Marjoram

健胃・血流促進・鎮静　／　なし

☑ 観賞
☑ 食用
　 資材
☑ 香料
　 染料
　 その他

大きさ／収量／栽培難易度／寿命／耐寒

花色◆ ○
花期◆ 夏
草丈◆ 30cm〜50cm
性質◆ 多年草

花言葉：常に幸福／恥じらい／赤面

原産地は地中海東部沿岸とされる。香りは甘さがありながら、すっきりとした清涼感のあるシソ科のハーブで食用になり、ハーブティーにもする。薬用になり、精油はアロマでも用いられる。スイートマジョラムとも呼ばれる。マジョラムは、**ギリシア神話の女神アプロディテが創造したといわれる。彼女が手を触れたことでその香りが与えられた。**マジョラムは、古代ギリシア、ローマでは幸せのシンボルとされ、花輪を新郎新婦がつけると幸せになるとされた。彼らは花輪から漂う香りに満たされたのであろうか。古代ギリシア時代は、花輪が流行った時代であるが、色々な植物が頭上につけられたり家の戸口にも吊り下げられた。また、マジョラムは亡くなった人の冥福を祈るために、墓場に植えられた。中世ヨーロッパでは、魔除けのお守りにもなった。

マジョラムは、フランス料理やイギリス料理をはじめとしてヨーロッパの料理によく使われる。肉料理や魚料理の香り付けや臭み消しに効果的で、ドイツのニュルンベルクの伝統的なソーセージにはマジョラムを練り込んだものが定番である。生の葉で使ったり、乾燥させて使う。菓子類などにも香り付けに用いられる。

マジョラムと同じ属に属するものにオレガノがある。オレガノは、ハナハッカ（花薄荷）と呼ばれていて花が美しい。ワイルドマジョラムとも呼ばれる。イタリア料理ではオレガノが用いられることが多いようである。マジョラム、オレガノはどちらもトマトと相性がよく、マジョラムの方が香りが柔らかである。

また、マジョラムとオレガノは、南フランスのプロヴァンス地方で、ミックススパイスのエルブ・ド・プロヴァンスに使うハーブとして知られる。これはセージ、バジル、タイム、ローズマリー、マジョラムまたはオレガノなどの複数のハーブがミックスされている。このスパイスは、肉や魚との組み合わせはもちろん、オリーブ油に漬けてソースにするなど、幅広い利用ができる。プロヴァンス地方は、フランスの中でも南は地中海に面しており、東はイタリアに接する地域である。この地方では、伝統的に色々なハーブ類を混ぜて使っていた。それが、エルブ・ド・プロヴァンス（プロヴァンスのハーブ）といわれるようになっていった。この地のハーブの種類の豊富さがうかがえる。

愛の女神が与えた香り

シソ科
迷迭香
マンネンロウ
ローズマリー　Rosemary

- ✓ 観賞
- ✓ 食用
- 　 資材
- ✓ 香料
- 　 染料
- 　 その他

花色♦ 🔵 ⚪ 🩷 🟣
花期♦ おもに秋から春
草丈／樹高♦ 30cm〜2m
性質♦ 常緑低木

花言葉　追憶
あなたは私を蘇らせる

若返りのハーブ

　学名の種小名[*1)]は rosmarinus であるが、これは海のしずくの意味を持つ。原産地は地中海沿岸とされる。

海岸沿いにも自生する常緑低木のハーブで、食用になる。肉料理に向くが、魚料理、煮込み料理などでも風味付けとなる。香りが強めのハーブで、葉だけでなく枝ごと使われることもあり、花も食べられる。ハーブティーとしても飲まれる。薬用になり、精油がとられアロマでも用いられる。また、観賞用としても親しまれる。

若返りのハーブと呼ばれ、抗酸化作用などがある。記憶力が高まるといわれ古代ギリシアでは、ローズマリーを髪に挿す習わしがあった。古代ローマ時代にはすでに、薬草としても扱われていた。常緑の性質から永遠の若い青年に例えられたという。ローズマリーは神聖な植物として扱われ、古代エジプトの墓にも入っていたという。後世では墓地で棺の上に供えられている。

ローズマリーには次のような伝説がある。聖母マリアが幼少のイエスとともにエジプトに逃れた時に、青いマントを、白い花の咲いている良い香りが漂う木にかけておいたところ、花の色が青色に変わっていたという。これは、マリアとイエスの神聖性を強調し、世俗的には「マリアのバラ」の意味からローズマリーと名付けられたという伝承となった。

ローズマリーを利用したものには、ハンガリーウォーターがある。これは、ローズマリーをアルコールと共に蒸留したものである。14世紀のハンガリー王妃エルジェーベトに由来し、「ハンガリー王妃の水」と呼ばれる。王妃は体調不良の際にこの水によって活力を取り戻したといわれる。また、中世ヨーロッパでは香水として愛されていた。

17世紀にはフランスでのペスト流行の際、ローズマリーなど複数のハーブを酢に漬け込んだものを体に塗って、自身のペストの感染を避けた泥棒たちがいた。それが薬のような働きをしたといい、「4人の泥棒の酢」といわれた。これは、今でもハーブビネガー（調味料）などに使用されている。また、疫病などの予防に部屋にハーブを敷いて使うストローイングハーブという方法があった。ローズマリーは、修道院では薬として大切にされたという。魔除けになる植物としても欠かせないものになっていた。

シェイクスピアの『ハムレット』にローズマリーは登場する。復讐のために狂気を装ったハムレットは、誤って恋人の父を殺害してしまう。精神が崩れた恋人は、ハムレットと間違って兄に「ねえ愛しい人、忘れないでね」とローズマリーを差し出した。

＊1）＝生物の二名法による学名で、属名のあとにつける名称。

キク科

紫馬簾菊
ムラサキ バ レン ギク

エキナセア　*Echinacea*

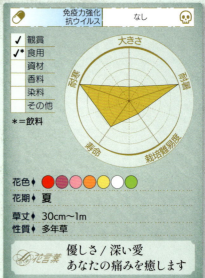

免疫力強化
抗ウイルス　なし

✓ 観賞
✓* 食用
　 資材
　 香料
　 染料
　 その他

＊＝飲料

大きさ / 耐寒 / 需要 / 栽培難易度 / 寿命

花色♦ 🔴🟣🌸🟠⚪🟢
花期♦ 夏
草丈♦ 30cm〜1m
性質♦ 多年草

花言葉
優しさ／深い愛
あなたの痛みを癒します

第4世界の万能薬

エキナセアの中で、エキナセア・プルプレアが知られる。原産地は北アメリカとされ、日本には大正時代に渡ってきたハーブである。エキナセア・プルプレアを中心に栽培が進んでいる。ハーブティーとしての利用があり、草の香りがするお茶である。他のハーブとブレンドして飲むと味が深まる。花はドライフラワーにすると美しい。

中央部の頭状花は、こんもりと球状に盛り上がり、周りを取り巻く花弁は下向きに垂れ、先端が広がって舌を伸ばしたような形になっているのが特徴で、花姿が目を引く植物である。

エキナセア・プルプレアは、ムラサキバレンギク（紫馬簾菊）と呼ばれるが、馬簾とは、纏についている細長い飾りである。纏とは江戸時代に火消したちが使った旗印で、消火活動の目印や火消したちの士気を高めるために使われたものである。

北米に住むアメリカ先住民により、主に薬用に使われた歴史がある。風邪や歯痛、伝染病などに効果があるとされた。また、毒蛇に噛まれた時の治療にエキナセアを用いていた。

アメリカ先住民とは、ヴァイキングやコロンブスが、アメリカ本土に到達する前から南北アメリカ大陸とその周辺に住んでいた人々である。北米の先住民は、いくつもの部族に分かれ、伝統的な生活様式や文化、言語を持ち、自然の資源の恵みを受けた生活を送っていた。

エキナセアは「聖なるハーブ」のひとつで、伝統的な万能薬として重用された。先住民には、植物に関連した神話、祭礼、儀式などもあり、特有の信仰を持っていた。

「平和の民」が語源の「ホピ族」の神話では、創造主はタイオワという。人類は3度滅んでおり、現在の世界は第4の世界とされる。神と人々を結び、全てのものに宿る精霊力チーナは、信仰の中心をなし、神聖なハーブで身を清め儀式を行った。

北米に住むホピ族やその他の先住民の秘薬とされたエキナセアは、北アメリカからヨーロッパに渡り、特にドイツでは医薬的な研究が進められた。

エキナセアは、痛みを癒し神々の深い愛と優しさを人々に与えてきた。

©エキナセアはムラサキバレンギク属（エキナセア属）の植物。　©データはエキナセアについて記載。

ヤナギ科

柳
ヤナギ

ウイロー　Willow

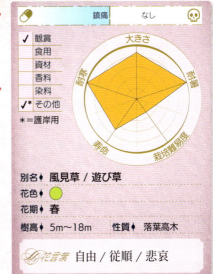

別名	風見草／遊び草
花色	🟢
花期	春
樹高	5m～18m
性質	落葉高木

 花言葉　自由／従順／悲哀

魔との境界を示した生命力の樹

ヤナギといえば、日本ではシダレヤナギ（枝垂柳）を指していうことが多い。別名イトヤナギ（糸柳）といわれ、川や池のほとりなどでよく見る植物である。また、並木として街路樹に植えられた。原産地は中国で、日本には奈良時代頃に渡ってきたといわれる。ヤナギは『万葉集』に登場する。

ヤナギの仲間であるネコヤナギ（猫柳）は、花穂が猫のしっぽのようで毛がフワフワしているように見える。ヤナギで編んだ柳行李という箱型の入れ物は、コリヤナギ（行李柳）が材料となっている。

日本では、ヤナギの枝は、挿し木でも育ちがよいので、水田で苗床などに儀式的に挿すことでそれにあやかろうと考えられた。田の神を迎え入れるものであったり、稲の苗が根を張るようにとの思いが込められたものであった。

中国では、生命力を表す植物であり、魔除けの働きをし、邪気を払う力があるとされた。旅に出る人にヤナギの枝を折ったものを手渡して送り出す習慣があり、また墓地にヤナギを植えた。中国では清明節（日本のお彼岸にあたる）には、戸口にヤナギを挿す風習がある。ヤナギを戸口に挿すことで百鬼が家に入らないようにするということが6世紀の書物には記されている。

ヤナギは土地の境界を示すものとして植えられることがあり、霊的な守りや生と死の境界を示す象徴ともされた。中国に伝説がある。とある官吏の娘が父の書生に恋をした。父は娘の恋を知った時、それを禁じて家に閉じ込めてしまった。書生は変装し、娘の家に潜入し彼女を連れ出す。2人は、ヤナギの枝の茂る橋を渡り、船で湖の向こう岸に渡って、幸せに暮らし始めた。しかし、娘に目をつけていた老人に2人とも殺されてしまう。その後、2人の魂はツバメになったという。悲しさの残る伝説である。

西洋にもヤナギがあり、セイヨウシロヤナギ（西洋白柳）などのヤナギが自生する。ヤナギは古代ギリシア時代にはすでに、薬用として使われていた。旧約聖書では、バビロン捕囚（強制移住）の際、イスラエル人は、バビロン川のほとりで故郷であるエルサレム（シオン）のことを思い、柳の木に堅琴を立てかけたことが記されている。また、「彼らは流れのほとりの柳のように生い茂る」と神がイスラエルの民を祝福する様子が描写されている。ヤナギは長寿で成長が早く、根が深く広がるため繁栄の例えに用いられた。

ある国では、占いにヤナギの小枝が利用された。ヤナギは、人々の悲哀を見守りながらしなやかに自由に揺れる。

©データはシダレヤナギについて記載。

クワ科

榕樹
ヨウジュ

ガジュマル
Chinese Banyan / Malayan Banyan

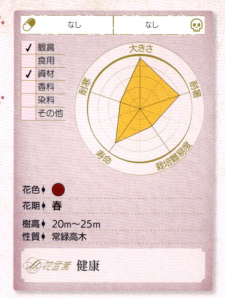

| なし | なし | ☠ |

- ✓ 観賞
- 食用
- ✓ 資材
- 香料
- 染料
- その他

（レーダーチャート：大きさ・寒暑・栽培難易度・寿命・耐寒）

- 花色 ◆ ●
- 花期 ◆ 春
- 樹高 ◆ 20m〜25m
- 性質 ◆ 常緑高木

 花言葉　健康

気さくな妖怪が住む締め殺しの木

日本、アジア東南部、インド、オーストラリアなどの熱帯から亜熱帯地域にかけて分布する。ガジュマルの姿は特徴的である。「絞め殺しの木」といわれ、宿主植物を絞め殺してしまう。地上に出ている根は気根と呼ばれる。最初に太い根を形成し、この主根は地中深く伸びていく。幹や枝から細い気根が垂れ下がり、土に到達すると太い根になっていく。やがて絡まって、それぞれの区別がつかなくなる。他の植物である宿主の幹を覆い、宿主が枯死した際は、その部分が空洞化し気根だけが残る。小さくて丸い花嚢ができ、その中に花が咲く。ガジュマルは、沖縄の方言で「絡まる」という言葉が訛ったものといわれる。

日本でのガジュマルの自生地である沖縄は、琉球国の時代、首里に首都を置いていた。中国や東南アジアとのつながりがあり、17世紀以降に薩摩藩が琉球侵攻し、日本（大和）の影響が強くなってきた地域である。琉球の信仰には独特のものがあり、御嶽は聖地として崇められ拝所となっていた。多くの諸島にその地域の儀礼などがあり、習わし、しきたりの中でそれぞれの集落が営みを行っていた。なかには葬送儀礼において、三十三回忌にウヤピィトゥ（死者・祖先）が天まで上がり神に

なるとされる島がある。生家の庭に組まれた仮設の家にガジュマルが据え付けられ、祖先は墓から離れてガジュマルの木をつたい昇天するとされた。（出典『沖縄学事始め』）

キジムナーという**妖怪がガジュマルの古木などに住む**といわれる。キジムナーは樹木の精霊で赤い髪の毛、赤い顔をしており子供のような姿で現れることが多い。キジムナーには性別がある。人間に近しい存在で、人間の家に嫁ぐことがあったり、年の瀬は一緒に過ごすこともある。人間と漁などの共同作業をしたり、魚を食べる時は片目だけ食べる。キジムナーと仲良くなると、家が繁栄し幸せをもたらすといわれる。反対に住処のガジュマルの木を燃やして怒らせると、復讐にくるという怖い存在である。キジムナーは火の玉を持っておりキジムナー火という。沖縄には他にも、アカガンター、ブナガヤなど、多くの妖怪がいると伝わる。

ガジュマルは沖縄では、森林、公園、街路樹など身近に存在し、タコの足のような姿から「多幸の木」「幸せを呼ぶ木」と親しまれる。木材としては、柔らかいため加工が容易である。観葉植物として、ふっくらとした根の部分がユニークな姿をしたニンジンガジュマルがある。

ガジュマルは、生命力の強さが花言葉"健康"の象徴のようである。その根は力強い。

ムラサキ科

勿忘草
ワスレナグサ

フォーゲットミーノット
Forget - me - not

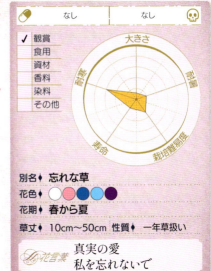

| | なし | なし | ☠ |

✓ 観賞
食用
資材
香料
染料
その他

別名 ◆ 忘れな草
花色 ◆ ○ ● ● ●
花期 ◆ 春から夏
草丈 ◆ 10cm〜50cm　性質 ◆ 一年草扱い

 花言葉
真実の愛
私を忘れないで

追憶のリーベ

ワスレナグサの中で原種のミオソティス・スコルピオイデスが知られる。原産地はヨーロッパとされる。「スコルピオイデス」は少し丸まったような開花前の花序が、サソリの尾に似ていることに由来する。

ワスレナグサ（勿忘草）の「勿」は、禁止などの意味で使われる「なかれ（勿れ）」を意味している。英名の Forget-me-not「私を忘れないで」の訳から名付けられた。詩人 北原白秋の作品にワスレナグサが登場する。過ぎ行く若さと時間を切なく偲んでいる。

ワスレナグサの仲間で、日本で自生しているものにエゾムラサキ（蝦夷紫）がある。北海道に多いが本州の山でも見られる。また、日本において園芸種として親しまれているものは主にこのエゾムラサキである。ちなみにツツジ科で、エゾムラサキツツジといって、名前の似ている植物がある。

ワスレナグサの花が小ぶりで集まって咲いている様子は、はかなげな雰囲気が漂う。花色の中でも水色の淡い色が可憐である。中央の黄色や白色がアクセントになっている。近づいてよくその姿を見つめると、ささやかに主張してくるようである。

ワスレナグサには、ある有名な悲恋伝説がある。ドナウ川の岸辺を散歩していた恋人同士（リーベ）の2人がいた。若者は、川の中に咲く青い花を、彼女のために取りにいくが、激しい流れに巻き込まれる。若者は手にした青い花を彼女に投げて、「私のことを忘れないで」と叫び、姿が見えなくなったという物語である。恋人を失った彼女は、お墓にその花を供え、彼の最期の言葉を花の名にしたという。愛する2人の間の思いの残る花となったのが、ワスレナグサなのである。

ドナウ川といえば、ドイツに源を発し、オーストリア、スロバキア、ハンガリー、クロアチア、セルビア、ルーマニア、ブルガリア、ウクライナなどを通って黒海に注ぐ川で、ヨーロッパを、西から東に向かう。勿忘草色という色があるが、これはワスレナグサの花の色に由来し、水のような透明感のある柔らかい水色として表される。

また、『わすれな草』という映画がドイツにある。認知症の妻とその夫と家族の物語である。映画の中では、失いゆく記憶をつなぎとめながら、現実を受け入れ寄り添っている姿に、真実の愛が表現されている。

ワスレナグサからは、私を忘れないでという願いが聞こえてくるようである。

INDEX

※ ▇ はタイトルの漢名・カナ名

《あ》

アースガルド	40
アーツ・アンド・クラフツ運動	45
アーティチョーク	37
アイヌ	20,21
アイヌネギ	21
アオイ科	35
アカカガチ（赤輝血）	52
アカンサス	45
秋の七草	31,41
アキレア	44
アキレウスの槍	40
悪臭	31
悪童	15
悪魔	13,25,26,29,36
悪魔の草	13
悪魔祓い	25
アザミ（薊）	37,45
アステカ神話	51
遊び草	57
徒名草	29
アダム	30
アッシュ	40
アテナイ（アテネ）	8,45
アトロポス（女神）	13
アニミズム	21
アネモイ	53
アネモネ	53
あふひ	35
アプロディテ（女神）	24,41,47,53,54
アポロン（太陽神）	23,41
天神	29,52
アマランサス	51
アミガサユリ	11
阿弥陀経	46
アヤメ科	38,49
アレクサンドロス大王	14,49
アロマ	8,24,25,36,44,47,54,55
暗殺	13,20
イースター	53
池見草	46
伊耶那岐命	34
伊耶那美命	34
イスラム教	12,24,47,53
異端審問	28
壱師の花	50
犬	28
イネ科	34
イブ	30
祝いの木	24
陰陽五行説	18
陰陽思想	44
ヴァイキング	56
ヴィーナス（女神）	24,47
茴香 ウイキョウ	8
ヴィクトリア女王	24
ウィリアム・モリス	45
ウイロー	57
御嶽	58
烏梅	9
海のしずく	55
梅	9,24
裏切り	33
占い	29,44,57
盂蘭盆会	52
芸香 ウンコウ	10
エイコーン acorn	43
エキナセア	56
疫病	10,13,21,55
エディブルフラワー	23
エデン	30
エルサレム	12,16,53,57
エルダー	33
エルブ・ド・プロヴァンス	54
閻魔大王	32
王冠百合	11
黄金（金）	12,23,27
逢瀬	31
大甘菜	12
狼茄子	13
オーク	43
大国主大神	15
オーディン（主神）	40,42,43
オーニソガラム	12
オオバコ科	19,22
大走野老	13
オールドローズ	47
丘虎の尾	14
鬼	32,52
鬼の醜草	32
お守り	16,42,54
思い草	32
阿蘭陀菖蒲	38
オリンポス（12神）	37,41
オレガノ	54
怨霊	9,27

《か》

カーネーション	41
悔恨のハーブ	10
カエサル	47
蘿藦 ガガイモ	15
カガチ（輝血）	52
篝火花 カガリビバナ	16
餓鬼道	52
襲の色目	32
風見草	57
カシ（樫）	43
ガジュマル	58
風待草	9
片白草	48
ガマズミ科	33
神在月	15
神去り	15
雷	9,27,42,43,51
神の恵みのハーブ	10
カムイ	21
カルチョーフィ	37
カレンデュラ	23
稈	34
寒芍薬	17
神無月	15
漢方	9,35
菊	18
菊合	18
キク科	18,23,32,37,44,56
菊慈童伝説	18
菊の節句	18
キジカクシ科	12,20
キジムナー	58
鬼子母神	30
被綿	18
北原白秋	59
キツネの鈴	19
キツネノタイマツ（狐炬火）	50
狐の手袋	19
キツネノマゴ科	45
キナラ	37
君影草	20
キャンドル・プラント	38
救世主	12,17
旧約聖書	16,20,26,28,30,57
狂気	17,55

行者大蒜 ギョウジャニンニク 20,21	コナラ 43	庶民の薬箱 33
キョウチクトウ科 15	五芒星 47	初夜 37
恐怖 28	コリント様式 45	シルクロード 27
キリスト（イエス）	コロンブス 56	真正ラベンダー 25
11,12,17,20,33,39,53,55	今昔物語集 32	神仙思想 27
キリスト教 8,10,12,13,17,20	コンパニオンプランツ（共生植物） 44	神農本草経 32
24,30,35,39,43,47,53		秦の始皇帝 27
霧の中の恋 Love in a mist 26	《さ》	秦皮 40
金魚 22		森羅万象 44
金魚草 22	サイコロ遊び 19	水芙蓉 46
銀香梅 24	桜 9,29	スイレン（睡蓮） 46
金盞花 キンセンカ 23	サクラソウ科 14,16	スーパーフード 51
銀梅花 24	桜鯛 29	頭蓋骨（ドクロ） 22
キンポウゲ科 17,26,53	石榴 ザクロ 30	菅原道真 9,27
国作り 15	ザグロス山脈 30	少名毘古那神 15
薫衣草 クヌエソウ 25	サソリ 59	少彦名命 15
グラジオラス 38	さなかづら 31	鈴蘭 20
グラッパ 10	さ寝 31	ストローイングハーブ 55
グラディウス（剣） 38	実葛 サネカズラ 31	スナップドラゴン 22
クリスマスローズ 17	サフラン 23,49	スネークヘッド（へびの頭） 11
クレオパトラ 47	泊夫藍 49	スパルタ 45
クロード・モネ 46	産業革命 38	炭 42,43
黒種子草 26	三国志 35	隅田川 29
黒種草 26	三種の神器 52	聖地の花 35
クロッカス 49	三大聖樹 43	聖なるハーブ 56
クロユリ 11	サン・バルテルミの虐殺 20	聖木 42
クロリス（女神） 53	シーボルト 13	聖母マリア
桑 27	シェイクスピア 10,55	16,20,23,43,47,53,55
クワ科 27,58	紫苑 32	清明節 57
くわばらくわばら 27	シオン（地名） 57	生命の樹 27,30
夏至 48	ジギタリス 19	西洋接骨木 セイヨウニワトコ 33
削り花 33	シクラメン 16	西洋走野老 13
解毒 10	ジゴクバナ（地獄花） 50	清涼殿 9
ケルト民俗学 43	醜女 34	精霊崇拝 21
源氏物語 32,47	シソ科 25,36,54,55	聖レオナール 20
恋 16,17,23,25,26,27,31,37	シタマガリ（舌曲） 50	ゼウス（主神） 19,30,37,41,43
38,49,55,57,59	七十二候 48	世界樹 40
恋茄子 28	シビトバナ（死人花） 50	セキチク（石竹） 41
恋のお守り 16	シビレバナ（痺花） 50	節日 46
航海のお守り 42	絞め殺しの木 58	舌状花 23
交雑種 29,38	釈迦 30,46,52	ゼピュロス（風の神） 53
香辛料（スパイス） 8,26,49,54	麝香 36	セリ科 8
降誕教会 12	ジャコウジカ 36	仙境 27
皇帝 11,12,27	シャニダール洞窟 35,44	仙人穀 51
好文木 9	ジャンヌ・ダルク 28	千本桜 29
コーディアル 33	十字架上の花 39	創世記 28,30
古今和歌集 9	十字軍 35,53	創造主 41,56
獄卒 32	宿主植物 58	ソードリリー 38
古事記 15,29,34,52	出産のお守り 16	ソーン 43
小正月 33	受難 12,39,53	染井村 29
五節句 18	蜀葵 35	ソメイヨシノ 29
国花 10,18,20,39,45,46,47		ソロモン王 16

《た》

項目	ページ
ダイアンサス	41
太陰太陽暦	48
タイオワ（創造主）	56
太極	44
第5の太陽	51
タイム	36,54
タイムの香り	36
太陽神	23,41,46
太陽の花嫁	23
太陽のピラミッド	51
太陽暦	48
第4の世界	56
高天原	15
竹	34,41
タケノコ	34
タコ	48,58
多産	16,30
立葵	35
立麝香草 タチジャコウソウ	36
磔刑	11,53
谷のユリ	20
田の神	48,57
田囃子	48
ダビデ	12
小さな民（妖精）	19
知恵の樹	30
チェリー	29
竹林の七賢	34
血の滴り	16
チャイニーズ・ランタンプラント	52
茶筅	34
茶花	11,17
中毒	13
長春花	23
朝鮮薊	37
重陽	18
月のピラミッド	51
ツタンカーメン王	26
梅雨	35,48
梅雨葵	35
テオティワカン	51
デメテル（大地・豊穣の女神）	30,38,41
テューダーローズ	47
テンガイバナ（天蓋花）	50
点眼薬	13
天然痘（疱瘡）	21
天文学	12
トゥーラ	51
東海道五十三次	9
唐金盞花	23
唐菖蒲	38
尊い木	33
東方の三賢者（三博士）	12
トール（雷神）	42,43
徳川吉宗	29
毒性	10,13,16,17,19,20,28,33,50
ドクダミ科	48
毒の雨	48
棘	37
時計草	39
トケイソウ科	39
梣 トネリコ	40
トファナ水	13
ドライフラワー	51,56
トラロック（雨と雷の神）	51
トランプ	10
どんぐり	43

《な》

項目	ページ
ナス科	13,28,52
撫子	41
ナデシコ科	41
花楸樹 ナナカマド	42
七竈	42
ナポレオン	25
楢	43
ニヴルヘイム	40
ニオイクロタネソウ	26
ニゲラ	26
ニゲル niger	17
二十四節気	48
日本書紀	15,52
乳香	12
ニュルンベルク	54
人形	52
ニンフ	49,53
ネアンデルタール人	35,44
ネコヨラズ	10
鋸草	44
昇り菖蒲	38
呪い	10,13,17

《は》

項目	ページ
葉薊 ハアザミ	45
ハーブ	8,10,23,24,25 33,36,44,54,55,56
ハーブの女王	25
ハーブビネガー	55
貝母（バイモ）	11
爆竹	34
羽衣草	44
稲架木	40
蓮	46
ハス科	46
ハチス	46
パッションフラワー	39
パッションフルーツ	39
初雪起こし	17
ハデス（冥界の神）	30
花筏	29
花一華	53
ハナザクロ	30
ハナハッカ（花薄荷）	54
花見	29
花嫁のブーケ	12
花輪	24,46,54
バビロン捕囚	57
ハマナス	47
薔薇	47
バラ科	9,29,42,47
薔薇戦争	47
ハリー・ポッター	28
春告草	9
春の七草	41
ハンガリーウォーター	55
ハンガリー王妃の水	55
半夏生	48
半化粧	48
番紅花 バンコウカ	49
ハンニバル	28
バンブー	34
彼岸花	50
ヒガンバナ科	21,50
美少年（少年）	23,25,49,53
ヒ素	13
美男葛	31
紐鶏頭	51
媚薬	28,37
百人一首	31
百年戦争	28
百鬼	57
ヒユ科	51
悲恋	27,57,59
饕葛	31
ヒンズー教	46,49
品評会	18
貧乏人のサフラン	23
ブイヤベース	49
ブーケガルニ	36

フェンネル	8	
フェンネルシード	8	
フォーゲットミーノット	59	
布教	39	
ブクサ	20,21	
復讐	43,55,58	
不語仙	46	
藤原定家	31	
扶桑樹	27	
豚の饅頭	16	
フトモモ科	24	
ブナ科	43	
ブラッククミン	26	
フランシスコ・ザビエル	39	
フリチラリア	11	
不老不死	27	
平和の民	56	
ペスト	23,25,49,55	
ベツレヘムの星	12	
紅花翁草	53	
ヘラ（女神）	19,41	
ベラドンナ	13	
ペルシア戦争	8	
ペルセポネ（コレー）	30	
変身物語	27	
ヘンルーダ	10	
苞	26	
疱瘡神	21	
蓬莱山	27	
鬼灯 ホオズキ	52	
鬼燈	52	
酸漿	52	
ホータン王国	27	
北欧神話	40,42,43	
星見草	18	
牡丹一華	53	
ボッティチェリ	47	
ホピ族	56	
ポムグラネイト	30	
ポリス	45	
ホリホック	35	
惚れ薬	16	
梵論葛	39	
盆花	52	

《ま》

マートル	24	
枕草子	42	
魔女	10,13,17,19,28,42	
魔女の指抜き	19	
マジョラム	54	
麻酔薬	28	
マツブサ科	31	
魔除け	10,21,42,54,55,57	
魔除けのハーブ	10	
茉沃刺那 マヨラナ	54	
マラソン	8	
マラトンの戦い	8	
マリアの心臓	16	
マリアのバラ	55	
マリーゴールド	23	
マルセイユ	49	
マルベリー	27	
曼珠沙華	50	
マンドレイク（マンドラゴラ）	28	
迷迭香 マンネンロウ	55	
万葉集	9,31,35,41,50,57	
ミイラ	25,36	
御かずら	34	
ミカン科	10	
ミザクロ	30	
ミソハギ科	30	
三つ葉葵	35	
ミツバチ	36	
都忘れ	18	
虫除け（防虫・駆除）	10,17,25,36,44	
ムラサキ科	59	
紫馬簾菊	56	
冥界	30,44	
モイライ	13	
モクセイ科	40	
目連	52	
モダンローズ	47	
没薬	12	
物忌み日	48	

《や》

厄除け	28	
柳	57	
ヤナギ科	57	
薮の中の悪魔 Devil in a bush	26	
八俣遠呂知	52	
大和撫子	41	
山上憶良	41	
ヤロウ	44	
ユーカリ	24	
勇気	36	
ユグドラシル	40	
ユダ	33	
ユダヤ教	12,16,24	
夢見草	29	
ユリ科	11	
榕樹 ヨウジュ	58	
妖精	19,40,43,49	
妖精の花	19	
妖精の帽子	19	
瓔珞百合	11	
ヨツンヘイム	40	
4人の泥棒の酢	55	
黄泉国	34	
依代	34	

《ら》

ラ・フランス	47	
ライオン	14	
雷神の木	43	
ラフポテト	15	
ラベンダー	25	
ラベンダーシュガー	25	
リコリス	50	
リザーズテイル	48	
リシマキア	14	
リトルフォーク	19	
竜（龍）	20,22	
琉球国	58	
龍星花	38	
リュコリス（海の精）	50	
リュシマコス	14	
ルー	10	
ルーン（神秘）の木	42	
霊水	18	
霊薬	17	
列王記	16	
レモングラス	10	
錬金術	28,47	
蓮華文	46	
レンコン（蓮根）	46	
レンテンローズ	17	
ローズ	47,55	
ローズマリー	10,54,55	
ロータス	46	
ローワン	42	

《わ》

若返りのハーブ	55	
忘れ草	32	
勿忘草 ワスレナグサ	59	
忘れな草	59	

●参考文献（順不同）

- 『アイヌ民族の文学と生活 久保寺逸彦著作集 2』久保寺逸彦・草風館
- 『美しい「歳時記」の植物図鑑 身近な園芸植物で俳句がひろがる！』石田郷子（監）・山川出版社
- 『ウメハンドブック』大坪孝之，亀田龍吉（写）・文一総合出版
- 『江戸の生業事典』渡辺信一郎・東京堂出版
- 『園芸植物大事典 1，2 コンパクト版』塚本洋太郎・小学館
- 『増補改訂版 園芸百科』・ブティック社
- 『沖縄祭事始め』泉弘・同成社
- 『神々の物語 古事記』村田健史・地域開発研究所
- 『神の文化史事典』松村一男，平藤喜久子，山田仁史（編）・白水社
- 『カラー版 図説 西洋建築の歴史』西田雅嗣（編著）／小林正子，本田昌昭，南智子，原愛（著）・学芸出版社
- 『ギリシア・ローマの神話伝説 I，II（世界神話伝説大系 35,36)』中島成康 ほか普及社
- 『ギリシア神話』高津春繁・岩波書店
- 『[ヴィジュアル版]ギリシア神話物語百科』マーティン．J．ドハティ／岡本千晶（訳）・原書房
- 『ビジュアル版 ギリシア神話 神々の愛憎劇と世界の誕生』新人物往来社（編）・新人物往来社
- 『キリスト教人名辞典』日本基督教団出版局
- 『平凡社新書 203 キリスト教歳時記 知っておきたい教会の文化』八木谷涼子・平凡社
- 『図説 草木名彙辞典』木村陽二郎（監）・柏書房
- 『新編 薬になる植物百科 主婦と生活社
- 『クリスマスローズこの 1 冊を読めば原種，交雑種，栽培などすべてがわかる』横山直樹，誠文堂新光社
- 『現代に生かす竹資源』向村悦三（編）・創森社
- 『皇室事典 令和版』・KADOKAWA
- 『語源辞典 植物編』吉田金彦・東京堂出版
- 『子供部屋のアリス』ルイス・キャロル／安井泉（訳）・新書館
- 『歴史と古典 今昔物語集を読む』成家徹郎・吉川弘文館
- 『桜は一年じゅう日本のどこかで咲いている』印南和磨・河出書房新社
- 『真訳 シェイクスピア四大悲劇 ハムレット・オセロー・リア王・マクベス』ウィリアム・シェイクスピア（著）／石井美樹子（訳），横山千晶（訳）・河出書房新社
- 『自分で採れる薬になる植物図鑑』増田和夫（監）・柏書房
- 『図説 樹木の文化史 知識・神話・象徴』フランシス・ケアリー（著）／小川昭子（訳）・柊風舎
- 『「食」の図書館 サフランの歴史』ラーミン・ガネシャラム（著）／龍和子（訳）・原書房
- 『「食」の図書館 ベリーの歴史』ヘザー・アーント・アンダーソン（著）／富原まさ江（訳）・原書房
- 『植物名の英語辞典』副島顕子・小学館
- 『新聖書植物図鑑』廣部千恵子（著）／横山匡（写）
- 『神農本草経』
- 『新編日本古典文学全集 11 古今和歌集』小沢正夫，松田成穂（校注・訳）・小学館
- 『新編日本古典文学全集 18 枕草子』松尾聰，永井和子（校注・訳）・小学館
- 『新編日本古典文学全集 1 古事記』山口佳紀，神野志隆光（校注・訳）・小学館
- 『新編日本古典文学全集 21,22 源氏物語 2,3』阿部秋生，秋山虔，今井源衛，鈴木日出男（校注・訳）・小学館
- 『新編日本古典文学全集 2 日本書紀 11 小島憲之，直木孝次郎，西宮一民，蔵中進，毛利正守（校注・訳）・小学館
- 『新編日本古典文学全集 38 今昔物語集 4』馬淵和夫，国東文麿，今野達（校注・訳）・小学館
- 『新編日本古典文学全集 6〜9 萬葉集 1〜4』小島憲之，木下正俊，東野治之（校注・訳）・小学館
- 『聖書 旧約聖書続編付き』聖書協会（共同訳）・日本聖書協会
- 『聖人事典』D．アットウォーター，C.R．ジョン（著）／山岡健（訳）・三交社
- 『生物ミステリー 桜の樹木学』近田文弘・技術評論社
- 『西洋神名事典』山北篤（監）／シブヤユウジ（画）・新紀元社

- 『西洋中世ハーブ事典』マーガレット B．フリーマン（著）・八坂書房
- 『図説 世界を変えた 50 の植物』ビル・ローズ（著）／柴田譲治（訳）・原書房
- 『世界大百科事典』・平凡社
- 『世界毒草百科図鑑』エリザベス A．ダウンシー，ソニー・ラーション（著）／船山信次（日本版監），柴田譲治（訳）・原書房
- 『[ヴィジュアル版]世界の巨樹・古木 歴史と伝説』ジュリアン・ハイト（著）／湯浅浩史（日本版監），大間知知子（訳）・原書房
- 『世界の植物をめぐる 80 の物語』ジョナサン・ドローリ（著）／ルシール・クレール（挿画）／穴水由紀子（訳）・柏書房
- 『世界のハーブ＆スパイス大事典』ジル・ノーマン（著）／水野仁輔（監訳）・主婦と生活社
- 『世界薬用植物百科事典』アンドリュー・シェヴァリエ（著）／難波恒雄（訳）・誠文堂新光社
- 『世界歴史地名大事典（第 3 巻）』コートランド・キャンビー，デイビッド S．レンバーグ（著）／松崎大（日本版監）・柊風舎
- 『入門 宗匠に学ぶ はじめての茶花』堀内宗完，寺田孝重・淡交社
- 『育てたい花がたくさん見つかる図鑑 1000』・主婦の友社
- 『育てて楽しむウメ百科 栽培から梅干し作り，効能まで』三輪正幸（著）／藤巻あつこ（レシピ監）・家の光協会
- 『竹の民俗誌』白石昭臣・豊文社
- 『食に効く！飲んで効く！食べる薬草・山野草早わかり』・主婦の友社
- 『たべもの語源辞典 新装版』清水桂一（編）・東京堂出版
- 『食べられる野生植物大事典 草本・木本・シダ』橋本郁三・柏書房
- 『決定版 誕生花と幸せの花言葉 366 日 あなたと大切な人に贈る幸福バイブル』・主婦の友社
- 『七十人訳ギリシア語聖書（モーセ五書）』秦剛平（訳）・青土社
- 『日本人なら知っておきたい樹木と野草 248 季節を知らせる花』金田初代（文）／金田洋一郎（写）・講談社
- 『日本人のしきたり 正月行事，豆まき，大安吉日，厄年…に込められた知恵と心』飯倉晴武（編）・青春出版社
- 『日本怪異妖怪大事典』小松和彦（監）／常光徹，山田奨治，飯倉義之（編）・東京堂出版
- 『日本紀略』
- 『日本大百科全書』・小学館
- 『日本のバラ』松本路子（写）／大場秀章（監文）・淡交社
- 『年中行事辞典一日本の四季を愉しむ歳時ごよみ』岡田芳朗，松井吉昭・創元社
- 『ハーブ学名語源事典』大槻真一郎，尾崎由紀子・東京堂出版
- 『ハーブのすべてがわかる事典』ジャパンハーブソサエティー・ナツメ社
- 『[新特産シリーズ] パッションフルーツ プロから家庭栽培まで』米本仁巳，近藤友大・農山漁村文化協会
- 『図説 花と樹の大事典』木村陽二郎（監）・柏書房
- 『花と木の図書館 桜の文化誌』コンスタンス L．カーカー，メアリー・ニューマン（著）／富原まさ江（訳）・原書房
- 『花と木の図書館 竹の文化誌』スザンヌ・ルーカス（著）／山田美明（訳）・原書房
- 『花と木の図書館 バラの文化誌』キャサリン・ホーウッド（著）／駒木令（訳）・原書房
- 『花とギリシア神話』田中希美（挿画）・八坂書房
- 『花と庭園の文化史事典』ガブリエル・ターギット（著）／遠山茂樹（訳）・八坂書房
- 『花の神話伝説事典』C.M．スキナー（著）／垂水雄二，福屋正修（訳）・八坂書房
- 『花の西洋史〈草花篇〉〈花木篇〉A.M．コーツ（著）／白幡洋三郎，白幡節子（訳）・八坂書房
- 『花の大歳時記』森澄雄（監）／秋山庄太郎（写真）・角川書店

- 『150 の樹木百科図鑑』ノエル・キングズバリ（著）／上原ゆうこ（訳）・原書房
- 『ふくろうの本 図説 百人一首』石井正己・河出書房新社
- 『扶桑略記』
- 『仏典の植物物語』満久崇麿・八坂書房
- 『変身物語（上）』オウィディウス（著）／中村善也（訳）・岩波書店
- 『図説 北欧神話大全』トム・バーケット（著）／井上廣美（訳）・原書房
- 『ボタニカルイラストで見る園芸植物学百科』ジェフ・ホッジ（著）／上原ゆうこ（訳）・原書房
- 『ボタニカルイラストで見るハーブの歴史百科 栽培法から料理まで』キャロライン・ホームズ（著）／高尾菜つこ（訳）・原書房
- 『ボタニカルイラストで見る野菜の歴史百科 栽培法から料理まで』サイモン・アケロイド（著）／内田智穂子（訳）・原書房
- 『ホピ 宇宙からの聖書 アメリカ大陸最古のインディアン 神・人・宗教の原点』フランク・ウォーターズ（著）／林陽（訳）・徳間書店
- 『HOPI ホピ：精霊カチーナとともに生きる「平和の民」から教えてもらったこと』天川彩・徳間書店
- 『持ち歩き！花の事典 970 種 知りたい花の名前がわかる』金田初代（文）／金田洋一郎（写真）・西東社
- 『人と植物の文化史 21 蓮』阪本祐二・法政大学出版局
- 『ものと人間の文化史 162 柳』有岡利幸・法政大学出版局
- 『有職植物図鑑』八條忠基・平凡社
- 『ユダヤ教 歴史・信仰・文化』G．シュテンベルガー（著）／A．ルスターホルツ，野口崇子（訳）・教文館
- 『四つのギリシア悲劇『ホメーロス讃歌』より』逸見喜一郎，片山英男（訳）・岩波書店
- 『ラルース美しいハーブの図鑑』ジェラール・デュブュイーニュ，フランソワ・クプラン／ピエール＆デリア・ヴィーニョ（写真）／せせ啓子（翻訳）・ONDORI
- 『歴史の中の植物 花と植物のヨーロッパ史』遠山茂樹・八坂書房
- 『和歌植物表現辞典』平田喜信，身崎壽・東京堂出版
- 『われすなわち』北原白秋・阿蘭陀書房

- 一般社団法人長野市薬剤師会 WEB
- 一般社団法人宮崎県薬剤師会 WEB
- ウィキペディア
- NHK みんなの趣味の園芸
- エーザイくすりの博物館 WEB
- 沖縄県薬草データベース WEB
- ガーデニングの図鑑 WEB
- Gardens Library
- Garden Story
- Garden vision
- 加計学園 自然植物園 WEB
- 熊本大学薬学部薬用植物園 WEB
- GreenSnap
- 公益財団法人日本さくらの会 WEB
- 公益社団法人日本薬学会 WEB
- 厚生労働省科学研究成果データベース WEB
- 厚生労働省
- 神戸薬科大学薬用植物園 WEB
- 国立研究開発法人 医薬基盤・健康・栄養研究所 WEB
- サカタのタネ園芸通信 WEB
- 植物和名ー学名インデックス YList WEB
- 住友化学園芸 WEB
- 西南学院大学聖書植物園 WEB
- 全薬グループ WEB
- 中外製薬 WEB
- 東京理科大学薬学部薬用植物園 WEB
- 東邦大学薬学部附属薬用植物園 WEB
- 名古屋市博物館 WEB
- ナショナルジオグラフィック WEB
- 日本家庭薬協会 WEB
- 農林水産省
- 日野製薬 WEB
- Picture This アプリ
- 武庫川女子大学薬用植物園 WEB
- LOVEGREEN

クリエイターの為の植物事典

2025 年 4 月 20 日 初版第 1 刷 発行

著 者	（本文）山口賀代／（キャッチコピー・毒性資料）編集部
写 真	Shutterstock／（p.43）wikipedia:Jean-Pol GRANDMONT／（p.50）著者提供
デザイン	シマノノノ
編 集	島野聡子／吉川智香子
発行人	浅井潤一
発行所	株式会社 玄辰舎 〒 612-8438　京都市伏見区深草フチ町 1-5　TEL.075-644-8141　FAX.075-644-5225　http://www.ishinsha.com

定価はカバーに表示しています。　ISBN978-4-910478-20-3

©ISHINSHA 2025 Printed in Japan　本誌掲載の写真、記事の無断転載を禁じます。